Friedrich Wöhler

Untersuchungen über das Radikal der Benzoesäure

Friedrich Wöhler

Untersuchungen über das Radikal der Benzoesäure

ISBN/EAN: 9783744601566

Hergestellt in Europa, USA, Kanada, Australien, Japan

Cover: Foto ©berggeist007 / pixelio.de

Weitere Bücher finden Sie auf **www.hansebooks.com**

Untersuchungen

über das

RADIKAL DER BENZOESÄURE

von

WOEHLER und LIEBIG.
(1832.)

Herausgegeben

von

Hermann Kopp.

Mit 1 Tafel.

LEIPZIG
VERLAG VON WILHELM ENGELMANN
1891.

Untersuchungen über das Radikal der Benzoesäure.[1)]

[249] Wenn es gelingt, in dem dunkeln Gebiete der organischen Natur auf einen lichten Punkt zu treffen, der uns wie einer der Eingänge erscheint, durch die wir vielleicht auf die wahren Wege zur Erforschung und Erkennung dieses Gebietes gelangen können, so hat man immer Ursache sich Glück zu wünschen, selbst wenn man sich der Unerschöpftheit des vorgesetzten Gegenstandes bewusst ist. Auch möchten wohl hier, wo Vorarbeiten und Materialien noch so wenig Hülfe darbieten, umfassende und durchgreifende Arbeiten gegenwärtig noch nicht zu erwarten sein. Unter solchem Gesichtspunkte möge man die nachfolgenden Versuche betrachten, welche, was ihre Ausdehnung und ihren Zusammenhang mit anderen Erscheinungen betrifft, noch ein weites, fruchtbares Feld zu bebauen übrig lassen.

[250] Die Substanz, welche den Ausgangspunkt zu dieser Arbeit bildete, ist das flüchtige Oel der bittern Mandeln, ausgezeichnet vor anderen ähnlichen Körpern durch die, zuerst von *Stange* richtig erforschte, Eigenschaft, sich sehr bald an der Luft unter Sauerstoffaufnahme in eine Säure, in Benzoesäure, zu verwandeln, welche schon an sich durch die Art, wie sie aus den anscheinend verschiedensten Körpern zu entstehen vermag, uns in hohem Grade das Interesse in Anspruch zu nehmen schien. Eine andere Eigenthümlichkeit, wodurch dieses Oel schon längst die Aufmerksamkeit der Chemiker und Pharmaceuten auf sich zog, ist sein Gehalt an Blausäure, deren Anwesenheit mit der Natur desselben in gewisser Beziehung zu stehen schien. Unter den vielen Untersuchungen, zu welchen diese Eigenthümlichkeiten schon Veranlassung gaben, erwähnen

wir nur die neueste, von *Robiquet* und *Boutron-Charlard**). Als eine der bemerkenswerthesten Thatsachen führen sie in ihrer Abhandlung die Beobachtung an, dass das flüchtige Bittermandelöl als Ganzes nur seinen Bestandtheilen nach in den Mandeln enthalten sei, und erst durch die Mitwirkung von Wasser auf diese Bestandtheile daraus hervorzugehen scheine. Denn bei Anwendung von Alkohol verschwinde es ganz unter den Händen und sei überhaupt alsdann nicht mehr aus den Mandeln darzustellen. An dessen Stelle aber erhielten sie einen, früher noch nicht bekannt gewesenen, krystallisirbaren Körper, das Amygdalin, welches ihnen die einzige Ursache des eigenthümlich bitteren Geschmacks der bitteren Mandeln und eines der zusammengesetzten Elemente des flüchtigen Bittermandelöls zu sein scheine**).

[251] Diesen Punkt, nämlich die Erörterung der Frage, ob dieses Oel in den Mandeln gebildet enthalten sei, oder ob es erst in Folge des Darstellungsprocesses aus gewissen Bestandtheilen derselben erzeugt werde, — eine nähere Untersuchung über das Amygdalin und seinen Zusammenhang mit der supponirten Erzeugung des Oels — haben wir ausser dem Bereiche der vorliegenden Untersuchung lassen müssen. Die Aufklärung dieses Punktes muss der Gegenstand besonderer Versuche werden[2]). Zur Feststellung des Standpunktes, von dem aus unsere Untersuchung angestellt wurde, schicken wir die allgemeine Bemerkung voraus, dass wir zufolge unserer Versuche zu der Annahme gelangt sind, dass es eine, in ihrem Verhalten gegen andere Agentien sich stets gleichbleibende, aus drei Elementen zusammengesetzte Verbindung giebt, welche wir nicht allein als das Radikal der Benzoesäure, sondern zugleich als den, vielleicht

---

*) Annales de Chimie et de Physique T. XLIV. 352.
**) In derselben Abhandlung haben die Herren *Robiquet* und *Boutron-Charlard* ihre Ueberzeugung von der Präexistenz der Benzoesäure in der Hippursäure ausgesprochen; der Hauptgrund, worauf sie sich stützen, ist nun ein ganz in die Augen fallender Druckfehler in den Annales de chimie T. 43 p. 197[3]), anstatt nämlich zu sagen: »Si l'on cesse de chauffer au moment même qu'on sent les vapeurs sulfureuses qu'on mêle la masse noire avec de l'eau et qu'on la fasse bouillir avec de la chaux, l'acide hydrochlorique en sépare ensuite de l'acide benzoique«, muss es heissen: »n'en sépare point ensuite de l'acide benzoique«.

Der Schluss, so wie er aus der nicht berichtigten Phrase gezogen ist, ist an und für sich widersinnig; dies allein schon hätte Zweifel an der Richtigkeit des Satzes erregen können, den das Nachschlagen der deutschen Abhandlung bestätigt haben würde.

am wenigsten wechselnden Grundstoff einer Menge ähnlicher Verbindungen betrachten zu können glauben. Wir dürfen aber hierbei ausdrücklich bemerken, dass man in dieser Betrachtungsweise mit Unrecht [252] eine Analogie mit dem Camphogen aufsuchen würde, dessen Existenz uns überdem, so wie sie von *Dumas* ohne einen einzigen beweisenden Versuch hingestellt ist, sehr zweifelhaft scheint[1]). Nur die Reihe von innig mit einander zusammenhängenden Erscheinungen war uns der von selbst sich darbietende Führer zu unserer Ansicht. Mit der Feder in der Hand lassen sich freilich durch Rechnung und willkürliche Aenderungen in den Analysen organischer Substanzen, denen sich andere Chemiker unterzogen haben, sehr leicht eine Menge ähnlicher Radikale auffinden; allein wir halten dafür, dass durch Erregung von Erwartungen, denen noch keine Thatsache entsprochen hat, der Wissenschaft sehr wenig gedient ist.

Bittermandelöl.

Das rohe Oel, welches uns als Material zu unsern Versuchen diente, besass eine schwach gelbliche Farbe, den bekannten eigenthümlichen Geruch, und erwies sich nach allen übrigen Reactionen und Verhältnissen als ein völlig reines Product. Wir verdanken es der Freundschaft des Herrn *Pelouze*.

Mit Alkali, Eisensalz und Säure behandelt, verräth dieses Oel einen starken Gehalt an Blausäure. Für sich oder in Berührung mit Kali der Luft ausgesetzt, verwandelt es sich leicht in Benzoesäure.

Da wir bald zur Ueberzeugung gelangt waren, dass der Blausäuregehalt mit der Bildung der Benzoesäure in keiner Beziehung stehe, so bestrebten wir uns zunächst, ein reines, von Benzoesäure, Blausäure und Wasser freies Oel darzustellen. Diese Absicht wurde auf folgende Weise vollständig erreicht.

Das rohe Oel wurde mit Kalkhydrat und einer Auflösung von Eisenchlorür durch starkes Schütteln sorgfältig gemengt und der Destillation unterworfen. Mit dem Wasser ging alles [253] Oel, und zwar vollkommen frei von Blausäure, über. Vermittelst einer Pipette wurde es vom Wasser geschieden und nun über frisch gebrannten, gepulverten Kalk in einem ausgetrockneten Apparate von neuem rectificirt.

Das auf diese Weise gewonnene reine, von Blausäure, Benzoesäure und Wasser freie Oel ist vollkommen farblos, dünnflüssig und besitzt eine grosse Lichtbrechungskraft; sein Geruch ist von dem des rohen Oels wenig verschieden; sein Geschmack ist brennend, aromatisch. Es ist schwerer als Wasser, sein spec. Gew. ist 1,043. Sein Siedepunkt ist so hoch, dass er sich mit unsern Thermometern, die nicht über 130° gingen, nicht bestimmen liess. Es ist leicht entzündlich und verbrennt mit einer leuchtenden, russenden Flamme.

Durch eine glühende Glasröhre getrieben, bleibt es unzersetzt.

An der Luft, in feuchtem oder in trocknem Sauerstoffgas verwandelt es sich vollständig in krystallisirte Benzoesäure. Im Sonnenlicht wird diese Umwandlung auffallend beschleunigt, sie beginnt dann schon in wenigen Augenblicken. Dieselbe Veränderung geht an der Luft bei Gegenwart von Wasser und einem Alkali vor sich, unter Bildung von benzoesaurem Kali. Werden diese Versuche in einer Glasröhre gemacht, welche mit Quecksilber gesperrt ist, so sieht man an dem Steigen des Quecksilbers, dass eine Sauerstoffabsorption stattfindet.

Bei dieser Verwandlung des Oels in Benzoesäure wird ausser dieser Säure kein dritter Körper gebildet.

Die Art seiner Reinigung zeigt schon, dass es durch wasserfreie Alkalien nicht zerlegt oder verändert wird; zu den Hydraten der Alkalien aber verhält es sich anders. Mit festem Kalihydrat, ohne Zutritt der Luft, zusammen erhitzt, bildet sich benzoesaures Kali, und es entwickelt sich reines Wasserstoffgas.

[254] Bringt man das Oel in eine Auflösung von Kalihydrat in Alkohol, oder in absoluten Alkohol, der mit Ammoniakgas gesättigt ist, so löst es sich sogleich auf, und es entsteht auch bei vollkommen abgehaltener Luft ein benzoesaures Salz, welches sich bei Anwendung von Kali sehr bald in grossen glänzenden Krystallblättern abzusetzen anfängt. Bei Zusatz von Wasser, welches das Salz auflöst, scheidet sich ein ölartiger Körper ab, der kein Bittermandelöl mehr ist [5]).

In concentrirter Salpetersäure und Schwefelsäure ist das reine Bittermandelöl ohne Veränderung löslich [6]). Beim Erhitzen wird die letztere Auflösung purpurroth und alsdann schwarz unter Entwicklung von schwefliger Säure.

Durch die Einwirkung des Chlors und Broms entstehen daraus neue Verbindungen, deren Beschreibung einen anderen Theil dieser Arbeit ausmacht.

Die Zusammensetzung dieses reinen Oels wurde auf gewöhnliche Weise durch Verbrennung mit Kupferoxyd ausgemittelt.

Zur Entfernung der hygroskopischen Feuchtigkeit im Kupferoxyd haben wir bei allen unseren Analysen eine kleine Luftpumpe angewendet, die *Gay-Lussac* erfunden hat. Da sie von ihm selbst noch nicht beschrieben worden ist, so halten wir es für angemessen, eine Zeichnung von derselben beizufügen; denn unstreitig kann dieses Instrument durch seine Bequemlichkeit in der Anwendung und durch die Sicherheit, welche es in die Wasserstoffbestimmungen bringt, als eine der wichtigsten Verbesserungen gelten, womit die organische Analyse bereichert worden ist.

Fig. 1 Taf. I ist die Pumpe an sich, in der Hälfte der natürlichen Grösse; sie ist mit gewöhnlichen Blasenventilen versehen und endigt unten in eine starke Schraube zum Festschrauben beim Gebrauche.

Fig. 2 zeigt die Pumpe in Verbindung mit der auszutrocknenden Verbrennungsröhre *a*, welche vermittelst eines wohl [255] schliessenden Korkes mit einer langen Chlorcalciumröhre *b* verbunden ist. Diese ist durch eine Kautschukröhre an die Pumpe befestigt. An beiden Enden ist vor das Chlorcalcium etwas Baumwolle gesteckt.

c ist eine etwa 30 Zoll lange Glasröhre, oben mittelst eines kurzen weiten Röhrenstücks an die Pumpe befestigt und unten in Quecksilber tauchend. Sie hat keinen anderen Zweck, als sich durch das Steigen des Quecksilbers zu versichern, dass alle Kautschuk- und Korkverbindungen richtig schliessen, und wird entfernt, sobald die Pumpe in Thätigkeit gesetzt wird. Man kann sie selbst ganz entbehren, indem man, nach einiger Uebung, schon aus der Heftigkeit, womit nach geschehener Auspumpung beim Oeffnen des Hahnes *d* die Luft eindringt, das vollkommene Schliessen aller Verbindungen beurtheilen kann.

e ist ein auf den Tisch geschraubter, starker hölzerner Fuss, auf welchem die Pumpe mit ihrer Schraube befestigt ist.

Bei dem Auspumpen der Verbrennungsröhre geht mit der Luft zugleich die in dem Kupferoxydgemenge enthaltene Feuchtigkeit hinweg, von welcher nach und nach die letzte Spur entfernt wird, indem man durch wiederholtes Auspumpen und Oeffnen des Hahnes *d* durch das Chlorcalcium getrocknete Luft wieder zulässt.

Es ist einleuchtend, dass man bei Substanzen, bei denen man durch Wärme keinen Verlust zu befürchten hat, die Austreibung der Feuchtigkeit sehr befördern kann, wenn man die Verbrennungsröhre in ein Blechrohr mit heissem Wasser steckt*).

[256] Diese kleine Luftpumpe gewährt noch einen anderen Vortheil, der uns bei diesen Analysen sehr zu statten kam. Das Oel und die anderen Flüssigkeiten, welche der Analyse unterworfen wurden, besitzen einen so hohen Siedepunkt, dass die kleine damit angefüllte Kugel erst dann von dem letzten Antheil Flüssigkeit entleert wird, wenn dieser Theil der Röhre fast zu glühen anfängt. Dadurch geschieht es nun häufig, dass die Gasentwicklung plötzlich so heftig eintritt, dass etwas Kupferoxyd in das Chlorcalcium geschleudert, und dadurch wenigstens die Wasserstoffbestimmung unbrauchbar wird. Diesem Uebelstande begegnet man nun aufs Vollständigste dadurch, dass man die mit der Flüssigkeit gefüllten kleinen Kugeln, mit der offenen Spitze nach dem verschlossenen Ende der Verbrennungsröhre zugekehrt, mit Kupferoxyd schichtweise einlegt und alsdann die Röhre auspumpt. Die kleine Blase atmosphärischer Luft in den Kugeln reicht nun hin, um alle darin enthaltene Flüssigkeit auszutreiben, besonders wenn die Verbrennungsröhre in eine mehr verticale Richtung gebracht und das Auspumpen wiederholt wird. Bei sehr flüchtigen Substanzen ist diese Manipulation durchaus überflüssig, um nicht zu sagen der Genauigkeit des Resultats nachtheilig.

Wir kommen zu dem reinen Bittermandelöl zurück. Mit diesen Vorsichtsmaassregeln verbrannt, lieferten:

I. 0,356 g = 1,109 Kohlensäure und 0,200 Wasser.
II. 0,341 g = 0,982 „ „ 0,175 „

Für 100 Theile giebt dies folgende Zusammensetzung:

[257]

	I.		II.
Kohlenstoff . . .	79,438	—	79,603
Wasserstoff . . .	5,756	—	5,734
Sauerstoff . . .	14,808	—	14,663

---

*) Mit grosser Bequemlichkeit kann diese Pumpe auch überhaupt zum Austrocknen von Substanzen dienen, die nur eine Austrocknung im luftleeren Raum bei gewöhnlicher oder nur bei sehr gelinde erhöhter Temperatur vertragen. Statt der Verbrennungsröhre braucht man nur eine kurze, unten zugeschmolzene Röhre oder ein kleines Glaskölbchen anzustecken, in welche die zu trocknende Substanz gelegt wird.

Untersuchungen über das Radikal der Benzoesäure. 9

Berechnet man diese Verhältnisse auf Volumtheile[*]), so erhält man:

14 Atome Kohlenstoff	. .	1070,115	—	79,56
12 » Wasserstoff	. .	74,577	—	5,56
2 » Sauerstoff	. .	200,000	—	14,88
		1344,995		100.

Nach der Zusammensetzung dieses Körpers ist die Entstehung der Benzoesäure durch eine blosse Sauerstoffaufnahme durchaus unerklärlich, da sich nämlich bei dieser Umwandlung keine anderen Producte nachweisen lassen. Bekanntlich enthält die Benzoesäure, nach der Analyse von *Berzelius*, 15 At. Kohlenstoff, 12 Wasserstoff und 3 Sauerstoff. Dieser Umstand veranlasste uns, die Analyse der krystallisirten und der an Basen gebundenen Benzoesäure zu wiederholen.

Analyse der Benzoesäure.

Zu dieser Analyse haben wir nicht nur die gewöhnliche Benzoesäure aus dem Harze genommen, sondern wir haben auch eine Portion eigens zu diesem Zweck aus dem Oel dargestellt. In beiden Fällen überzeugten wir uns von ihrer vollkommenen Reinheit. Die Säure wurde geschmolzen, gewogen und in Stücken in die Verbrennungsröhre gebracht, diese alsdann bis zum Schmelzen der Säure erwärmt und in der halben Länge der Röhre gleichförmig auf den Wänden derselben vertheilt. Sie wurde hierauf mit noch warmem Kupferoxyd gefüllt, nochmals vor die Luftpumpe gebracht und alsdann die Verbrennung vorgenommen, welche bei dieser sehr flüchtigen Substanz nur sehr langsam vor sich gehen darf.

258]

		Kohlensäure		Wasser
I. 0,523 g Säure lieferten		1,308	—	0,238
II. 0,522 g » »		1,302	—	—
III. 0,305 g » »		0,760	—	0,136

Nach diesen Resultaten berechnet lieferten diese Analysen für 100 Theile:

	I.	II.	III.
Kohlenstoff	69,155 —	68,970	— 68,902
Wasserstoff	5,050 —	Wasser ging verloren	— 5,000
Sauerstoff	25,795 —		— 26,098

Diese Zahlen, auf Atome berechnet, geben als theoretische Zusammensetzung:

14	Atome	Kohlenstoff	107,0118	—	69,25
12	»	Wasserstoff	7,4877	—	4,86
4	»	Sauerstoff	40,0000	—	25,89
			154,4995		100,00

Die Abweichung der hier angeführten Zusammensetzung der krystallisirten Benzoesäure von dem Resultate, welches *Berzelius* durch die Analyse des benzoesauren Bleioxyds gefunden hat, flösste uns anfänglich gerechtes Misstrauen gegen unsere eignen Analysen ein. Bei näherer Betrachtung musste es sich indessen bald ergeben, dass der Unterschied zwischen beiden Analysen in der Zusammensetzung des von *Berzelius* analysirten Salzes zu suchen sei. Wir unternahmen daher auch eine Analyse der an Basen gebundenen Benzoesäure, und wählten dazu das benzoesaure Silberoxyd, wegen der Leichtigkeit, womit sich dieses Salz rein und krystallisirt darstellen lässt, und weil das Silberoxyd wenig Neigung hat, basische Verbindungen zu bilden.

Neutrales salpetersaures Silberoxyd, mit einem aufgelösten benzoesauren Alkali vermischt, giebt einen dicken, weissen Niederschlag, der beim Erwärmen mit Wasser etwas krystallinisch wird, und sich in einer grösseren Menge kochenden Wassers vollkommen auflöst. Beim Erkalten der Auflösung [259] setzt sich das benzoesaure Silberoxyd in langen, glänzenden Krystallblättchen ab, welche beim Trocknen unter der Luftpumpe ihren Glanz nicht verlieren und nicht an Gewicht abnehmen.

Beim Erhitzen in einem kleinen Porzellantiegel schmilzt dieses Salz, bläht sich auf und hinterlässt nach Verbrennung der abgesetzten Kohle sehr weisses, metallisches Silber. Auf diese Weise bestimmten wir das Atomgewicht der Säure.

I. 0,391 g benzoesaures Silberoxyd hinterliessen 0,184 metallisches Silber.
II. 0,436 desgl. gaben 0,205

Nach diesen Analysen berechnet sich die Zusammensetzung des Salzes zu:

	I.		II.
Silberoxyd . . .	50,56	—	50,52
Benzoesäure . .	49,44	—	49,48

Und das Atomgewicht der Säure, als Mittel beider Analysen, ist 142,039.

Wir unterwarfen sodann das Silbersalz der Verbrennung mit Kupferoxyd und erhielten von 0,600 g Salz 0,797 g Kohlensäure und 0,122 g Wasser.

Nach diesen Zahlen die Zusammensetzung der an Silberoxyd gebundenen Säure berechnet, giebt für 100 Theile:

$$\begin{array}{ll} \text{Kohlenstoff} & 74,378 \\ \text{Wasserstoff} & 4,567 \\ \text{Sauerstoff} & 21,055. \end{array}$$

Nach dem gefundenen Atomgewicht berechnet, erhält man:

14 Atome Kohlenstoff . .	107,0118	.	74,43
10 » Wasserstoff . .	6,2397	.	4,34
3 » Sauerstoff . . .	30,0000	.	21,23
	143,2515		100,00.

Bei Vergleichung der Analyse der krystallisirten mit der an Silberoxyd gebundenen Benzoesäure fällt es sogleich in die [260] Augen, dass sich beide darin von einander unterscheiden, dass die erstere 1 Atom Wasser enthält, welches in der letzteren fehlt.

In diesem Wassergehalt liegt nun auch der einzige Unterschied zwischen der Analyse von *Berzelius* und der unsrigen. Denn sowohl aus dem von *Berzelius* gefundenen Atomgewicht als auch aus dem Verhalten des Bleisalzes geht hervor, dass das Bleioxyd bei seiner Vereinigung mit der Benzoesäure das Wasser in derselben nicht abscheidet, sondern dass dieses in die Zusammensetzung des Salzes mit eingeht. Beim Erwärmen verliert dasselbe einen Theil seiner Säure, und zwar als krystallisirte Säure, welche, wie wir soeben sahen, 1 Atom Wasser enthält.

Zieht man in der That von dem Atomgewicht der Benzoesäure, so wie es von *Berzelius* aus dem Bleisalz erhalten worden ist, nämlich 152,1423
1 Atom Wasser ab = ... 11,2479
so erhält man für das Atomgewicht der wasserfreien Säure 140,8944,
was mit dem von uns aus dem Silbersalz abgeleiteten zusammenfällt.

Berechnet man ferner nach diesem berichtigten Atomgewicht den Kohlenstoff- und Wasserstoffgehalt von *Berzelius*' Analyse, so erhält man ebenfalls 14 At. Kohlenstoff und 10 At. Wasserstoff.

Diese Vergleichungen möchten wohl hinreichen, über die wahre Zusammensetzung der Benzoesäure jeden Zweifel zu heben, und der Angabe von *Dumas*, dass die Benzoesäure Wasserstoff und Sauerstoff in demselben Verhältniss wie im Wasser enthalte [*], mag wohl ein Irrthum zu Grunde liegen, den er ohne Zweifel selbst bald auffinden wird.

[261] Indem wir nach dieser Ablenkung auf die Betrachtung des Bittermandelöls und seiner Umwandlung in krystallisirte Benzoesäure zurückkommen, finden wir nun diese Erscheinung leicht zu erklären. Diese Säure entsteht daraus durch ganz einfache Oxydation; das Oel nimmt nämlich an der Luft oder im Sauerstoffgas 2 Atome dieses Elements auf [b].

Die Bildung von benzoesaurem Kali aus dem Oel, wenn dieses ohne Luftzutritt mit Kalihydrat erhitzt wird, ist demnach durch eine Wasserzersetzung bedingt, wobei das Oel aus dem Wasser des Hydrats 1 Atom Sauerstoff aufnimmt, während der Wasserstoff als Gas entweicht.

Wir haben ferner erwähnt, dass das Oel mit einer Auflösung von Kali in Alkohol ebenfalls ohne Luftzutritt benzoesaures Alkali bildet, und dass sich alsdann durch Wasserzusatz aus dem Alkohol ein ölartiger Körper von anderen Eigenschaften abscheide. Wiewohl wir dieses neue Product nicht näher untersucht haben, so möchte es doch keinem Zweifel unterworfen sein, dass dasselbe, im Fall die Bestandtheile des Alkohols nicht in seine Zusammensetzung eingehen, entweder durch Theilung des Sauerstoffs in dem Bittermandelöl oder durch eine Wasserzerlegung entstanden ist. Im ersteren Fall wäre es nach der Formel $C_{14}H_{12}O$, in dem letzteren nach der Formel $C_{11}H_{11}O_2$ zusammengesetzt [9].

Nach Feststellung dieser Thatsachen und mit Berücksichtigung der weiter unten noch anzuführenden Verbindungsverhältnisse des Bittermandelöls halten wir es für natürlich, dasselbe in seinem reinen Zustande als eine Wasserstoffverbindung zu betrachten, worin das Radikal der Benzoesäure, statt wie in dieser mit Sauerstoff, mit 2 Atomen Wasserstoff verbunden ist. Dieses, bis jetzt für sich noch nicht dargestellte, Radikal ist aus $C_{11}H_{10}O_2$ zusammengesetzt. Wir nennen [262] es **Benzoyl**

---

[*] Annales de Ch. et de Ph. T. XLVII. p. 202.

(die Endung von ὕλη, Stoff, Materie). Die consequente Benennung für das reine Bittermandelöl würde demnach Benzoylwasserstoff, und die für die Benzoesäure Benzoylsäure sein. Wir werden aber natürlicherweise die alten Namen Bittermandelöl und Benzoesäure in allen den Fällen beibehalten, wo nicht von theoretischen Auseinandersetzungen die Rede ist. Man wird sehen, wie leicht und consequent sich nach dieser Betrachtungsweise die übrigen Verhältnisse, zu denen wir nun übergehen, umfassen und übersehen lassen.

Chlorbenzoyl.

Wenn man durch das reine Bittermandelöl (Benzoylwasserstoff) trocknes Chlorgas leitet, so wird dasselbe unter starker Erhitzung davon absorbirt und es entwickelt sich Chlorwasserstoffsäure, aber sonst kein anderes Product, welches auf eine anderweitige Zersetzung schliessen liesse. Sobald die Bildung von Chlorwasserstoff nachzulassen anfängt, färbt sich die Flüssigkeit durch Auflösung von Chlorgas gelb; allein der Ueberschuss dieses Gases wird durch Kochen unverändert wieder ausgetrieben. Wird die Flüssigkeit, während das Chlorgas noch hindurchstreicht, zuletzt bis zum Kochen erhitzt, und ist auch alsdann keine Salzsäurebildung mehr wahrzunehmen, so hat man die neue Verbindung vollkommen rein. Sie ist das Chlorbenzoyl[10]).

Das Chlorbenzoyl ist eine wasserklare Flüssigkeit von 1,196 spec. Gewicht. Es besitzt einen eigenthümlichen, höchst durchdringenden, besonders die Augen stark angreifenden Geruch, welcher sehr an den scharfen Geruch des Meerrettigs erinnert. Sein Siedepunkt ist sehr hoch. Es lässt sich entzünden und brennt mit leuchtender, stark russender und grün gesäumter Flamme.

[263] Im Wasser sinkt es als ein Oel unter, ohne sich darin aufzulösen. Erst nach längerer Zeit, oder sehr bald beim Kochen, zersetzt es sich damit vollständig in krystallisirte Benzoesäure und Chlorwasserstoffsäure. Dieselbe Zersetzung erleidet es, wenn es längere Zeit der feuchten Luft ausgesetzt bleibt. Leitet man Chlorgas durch ein Gemenge von Benzoylwasserstoff in Wasser, so verschwindet das Oel und das Wasser erstarrt in kurzer Zeit zu einer krystallinischen Masse von Benzoesäure.

Ueber wasserfreiem Baryt und Kalk lässt sich das Chlorbenzoyl unverändert abdestilliren.

Mit Alkalien und Wasser erwärmt bildet das Chlorbenzoyl sogleich ein Chlormetall und ein benzoesaures Alkali.

Bei allen diesen Zersetzungen wird ausser Benzoesäure und Chlorwasserstoffsäure kein dritter Körper gebildet, woraus also klar hervorgeht, dass in dieser Verbindung Chlor und Benzoyl in dem Verhältniss enthalten sein müssen, dass bei der Theilung in die Bestandtheile des Wassers diese gerade hinreichten, um auf der einen Seite Chlorwasserstoff und auf der anderen wasserfreie Benzoesäure zu bilden, die im Augenblick ihrer Bildung noch 1 Atom Wasser aufnimmt.

Der Benzoylwasserstoff (das Bittermandelöl) besteht aus

$$(14C + 10H + 2O) + 2H.$$

Durch die Einwirkung des Chlors verbinden sich die 2 Atome Wasserstoff mit 2 At. Chlor zu Chlorwasserstoffsäure, welche weggeht. An die Stelle dieses Wasserstoffs aber treten 2 At. Chlor, nach folgender Formel:

$$(14C + 10H + 2O) + 2Cl.$$

Mit den Bestandtheilen des Wassers zerlegt sich dieser Körper auf die Weise, dass sich 2 At. Wasserstoff mit den 2 At. Chlor zu Chlorwasserstoffsäure, und der freiwerdende Sauerstoff mit dem Benzoyl zu Benzoesäure vereinigen.

Durch die Analyse des Chlorbenzoyls konnten wir die Richtigkeit dieser Zusammensetzung leicht controliren. Wir lösten diesen Körper in sehr verdünntem Ammoniak auf, übersättigten die Flüssigkeit mit Salpetersäure und fällten sie mit salpetersaurem Silber.

0,719 g Chlorbenzoyl lieferten 0,712 g Chlorsilber. Dies giebt für 100 Theile 24,423 Chlor.

Die Verbrennung mit Kupferoxyd zeigte sich nach der gewöhnlichen Art, wobei die Flüssigkeiten, in kleine Kugeln eingeschlossen, in die Verbrennungsröhre gebracht werden, ganz unausführbar, und zwar aus dem schon oben erwähnten Grunde. Alle diese Versuche missglückten uns gänzlich, indem jedesmal, selbst bei der vorsichtigsten Erhitzung, der Inhalt der kleinen Kugel oder die an einer Stelle im Kupferoxyd befindliche Flüssigkeit auf einmal in Gas verwandelt und dadurch entweder Kupferoxyd in das Chlorcalcium geschleudert, oder ein Theil der Substanz unverbrannt weggeführt wurde.

Wir sahen uns daher genöthigt, die abgewogene Flüssigkeit tropfenweise mit dem Kupferoxyd zu schichten und darin zu

Untersuchungen über das Radikal der Benzoesäure. 15

vertheilen; bei einer sehr langsam fortschreitenden Erhitzung der Verbrennungsröhre gelang es dann vollständig, die Verbrennung ohne Schwierigkeit zu beendigen.

0,534 g Chlorbenzoyl lieferten 1,188 g Kohlensäure und 0,180 g Wasser.

Auf 100 Theile berechnet giebt diese Analyse:

Kohlenstoff	60,83
Wasserstoff	3,74
Sauerstoff	11,01
Chlor	24,12

[265] Berechnet man diese Zahlen auf Volumtheile, so erhält man als theoretisches Resultat:

14	Atome	Kohlenstoff	107,018	—	60,02
10	»	Wasserstoff	6,239	—	3,51
2	»	Sauerstoff	20,000	—	11,55
2	»	Chlor	44,265	—	24,92
			177,522		100,00

Die Zahlen, welche die Rechnung giebt, liefern für den Kohlenstoff und Wasserstoff etwas kleinere Mengen, als durch die Analyse erhalten worden ist. Die Ursache hiervon liegt unstreitig darin, dass bei der Bereitung der Chlorverbindung vielleicht $\frac{1}{1000}$ Bittermandelöl der Verbindung mit Chlor entgangen ist. Auf keinen Fall ist diese Differenz von der Bedeutung, dass dadurch der Schluss, zu welchem wir über die wahre Zusammensetzung dieses Körpers gelangt sind, eine Aenderung erleiden könnte.

In Betreff der Eigenschaften des Chlorbenzoyls haben wir noch zu bemerken, dass es in der Wärme Phosphor und Schwefel auflöst, die sich nach dem Erkalten krystallinisch wieder daraus abscheiden. Mit Schwefelkohlenstoff lässt es sich in allen Verhältnissen vermischen, wie es scheint ohne Zersetzung. Mit festem Chlorphosphor erhitzt es sich stark unter Bildung von flüssigem Chlorphosphor und einem sehr heftig riechenden, ölartigen Körper, den wir nicht weiter untersucht haben[11]).

Das sehr merkwürdige Verhalten des Chlorbenzoyls zu trocknem Ammoniakgas und seine Zersetzung mit Alkohol werden wir nachher noch in besonderen Abschnitten auseinandersetzen.

Wenn man das Chlorbenzoyl mit Brom-, Jod-, Schwefel- oder Cyan-Metallen behandelt, so erfolgt ein Austausch der

Bestandtheile, in der Art, dass sich auf der einen Seite ein [266] Chlormetall und auf der anderen eine Verbindung von Benzoyl mit Brom, Jod, Schwefel oder Cyan erzeugt, die dem Chlorbenzoyl proportional zusammengesetzt ist.

Brombenzoyl.

Diese Verbindung entsteht unmittelbar durch Vermischen des Benzoylwasserstoffs (Bittermandelöls) mit Brom. Das Gemisch erwärmt sich von selbst und stösst dicke Dämpfe von Bromwasserstoffsäure aus. Durch ferneres Erhitzen treibt man diese, sowie das überschüssige Brom, gänzlich aus.

Das Brombenzoyl ist eine weiche, bei gewöhnlicher Temperatur fast halbflüssige, grossblättrig krystallinische Masse von bräunlicher Farbe. Es schmilzt schon bei sehr gelinder Wärme zu einer braungelben Flüssigkeit. Es besitzt einen dem Chlorbenzoyl analogen, jedoch viel schwächeren und dabei etwas aromatischen Geruch. An der Luft raucht es schwach, sehr stark aber beim Erwärmen. Es ist brennbar und verbrennt mit leuchtender, russender Flamme.

Mit Wasser zersetzt es sich nur sehr langsam. Unter Wasser erwärmt bleibt es als ein bräunliches Oel darin liegen; erst nach sehr langem Kochen zersetzt es sich damit in Bromwasserstoffsäure und krystallisirende Benzoesäure.

In Aether und Alkohol ist es leicht löslich, ohne sich damit zu zersetzen. Aus beiden wird es beim Verdunsten wieder als krystallinische Masse erhalten.

Jodbenzoyl.

Es scheint nicht durch directe Vereinigung der Bestandtheile entstehen zu können. Man erhält es aber leicht durch Erwärmen von Jodkalium mit Chlorbenzoyl. Es destillirt als braune Flüssigkeit über, die beim Erkalten zu einer braunen, krystallinischen Masse erstarrt. Es enthält alsdann noch [267] Jod aufgelöst. Im reinen Zustande ist es farblos, blättrig krystallinisch, leicht schmelzbar, zersetzt sich aber dabei jedesmal unter Entbindung von etwas Jod. Im Geruch, im Verhalten zu Wasser und Alkohol, in der Brennbarkeit ist es von der vorhergehenden Verbindung nicht verschieden.

Schwefelbenzoyl.

Man erhält es durch Destillation von Chlorbenzoyl mit fein gepulvertem Schwefelblei. Es destillirt als ein gelbes Oel über, welches zu einer weichen, krystallinischen, gelben Masse erstarrt. Es besitzt einen unangenehmen, an Schwefel erinnernden Geruch. Es scheint selbst durch Kochen mit Wasser nicht zersetzbar zu sein. Mit einer kochenden Auflösung von kaustischem Kali bildet es nur sehr langsam benzoesaures Kali und Schwefelkalium. Es ist entzündlich und verbrennt mit leuchtender, russender Flamme und Entwicklung von schwefliger Säure. — Mit Alkohol zersetzt es sich nicht.

Cyanbenzoyl.

Benzoylwasserstoff vermag wohl eine gewisse Menge Cyangas aufzulösen und nimmt davon den Geruch an; aber durch Wärme lässt es sich wieder ohne Veränderung austreiben.

Die wirkliche Verbindung erhielten wir durch Destillation des Chlorbenzoyls über Cyanquecksilber. Die Verbindung destillirte als goldgelbes Oel über, und in dem Destillationsgefässe blieb Quecksilberchlorür zurück.

Das Cyanbenzoyl ist im reinen, frisch rectificirten Zustand eine farblose Flüssigkeit, die sich aber sehr schnell wieder gelb färbt. Es besitzt einen stechenden, stark zum Thränen reizenden Geruch, der entfernt an den des Zimmtöls erinnert. Sein Geschmack ist beissend, süsslich, hintennach stark nach Blausäure.

[268] Es ist schwerer als Wasser, in dem es als ein Oel untersinkt und womit es sich in kurzer Zeit in Benzoesäure und Cyanwasserstoffsäure zersetzt. Lässt man einen Tropfen auf Wasser ausgebreitet stehen, so findet man ihn bis zum andern Tag in eine Sonne von Benzoesäurekrystallen verwandelt. Durch Kochen mit Wasser wird es sehr rasch in Benzoesäure und Blausäure zersetzt. — Es ist leicht entzündlich und verbrennt mit einer weissen, sehr stark russenden Flamme.

Benzamid.

Leitet man über reines Chlorbenzoyl getrocknetes Ammoniak, so wird dieses unter sehr starker Erhitzung absorbirt, und die Flüssigkeit verwandelt sich in eine weisse, feste Masse.

die aus einem Gemenge von Salmiak und einem neuen Körper besteht, den wir Benzamid nennen, da er in seinem Verhalten und seiner Zusammensetzung ein vollkommenes Analogon vom Oxamid ist [12]).

Die vollkommene Sättigung des Chlorbenzoyls mit Ammoniakgas, mit so grosser Heftigkeit die Einwirkung auch anfangs stattfindet, lässt sich doch nur schwierig und langsam erreichen, da die entstehende feste Masse die noch ungesättigte Flüssigkeit vor der ferneren Berührung mit dem Ammoniak bald zu schützen anfängt. Man ist daher genöthigt, die Masse mehrere Male aus dem Gefässe herauszunehmen, zu zerdrücken und von Neuem der Wirkung des Ammoniakgases auszusetzen.

Bei der Vereinigung beider Körper geht, wie man aus der Bildung von Salmiak sogleich schliessen kann, eine Zersetzung von Ammoniak vor sich; denn in dem Chlorbenzoyl ist, wie wir angeführt haben, das Chlor als solches und nicht als Chlorwasserstoffsäure enthalten.

Es wäre zwar denkbar, dass die Umsetzung der Elemente vom Chlorbenzoyl und Ammoniak erst dann vor sich ginge. [269] wenn die gebildete weisse Masse, zur Entfernung des Salmiaks, mit Wasser übergossen wird. Allein das Verhalten des Cyanbenzoyls beweist genügend, dass diese Zersetzung in dem Augenblick geschieht, wo das Ammoniakgas mit dem Chlorbenzoyl in Berührung kommt. Das Cyanbenzoyl erleidet nämlich im Ammoniakgas eine ganz analoge Veränderung, wie die Chlorverbindung; es bildet sich Benzamid und Cyanammonium, welches letztere aber, in Folge seiner Flüchtigkeit, mit dem überschüssigen Ammoniakgas von selbst entweicht und sich zum Theil in glänzenden Krystallen sublimirt.

Zur Isolirung des Benzamids wird zuerst aus der weissen Masse der gebildete Salmiak mit kaltem Wasser ausgewaschen, und das zurückbleibende Benzamid alsdann in kochendem Wasser aufgelöst. Beim Erkalten dieser Auflösung setzt es sich in Krystallen ab.

Hat man versäumt, das Ammoniakgas vollkommen durch gebrannten Kalk oder Kalihydrat auszutrocknen, so erzeugt sich auf Kosten dieses Wassers, bei der Einwirkung des feuchten Gases auf das Chlorbenzoyl, eine entsprechende Menge benzoesaures Ammoniak, und man verliert in demselben Verhältniss an Ausbeute des neuen Körpers.

Auch wenn man das Chlorbenzoyl nicht vollständig mit Ammoniakgas gesättigt hatte, so wird, wie sich aus dem Verhalten des Benzamids zu Säuren erklärt, das gebildete Benzamid bei der Behandlung der Masse mit heissem Wasser wieder vollständig oder zum Theil zersetzt, je nach der Menge des freigebliebenen Chlorbenzoyls.

Unter gewissen Umständen endlich, die wir nicht näher ausgemittelt haben, wahrscheinlich aber vorzüglich dann, wenn das angewendete Chlorbenzoyl nicht vollständig von aufgelöstem Chlorgas befreit war, bemerkt man bei der Sättigung mit Ammoniakgas die Bildung eines ölartigen Körpers von aromatischem, bittermandelölartigem Geruch, wodurch das [270] entstandene Benzamid die Eigenschaft erhält, beim Erwärmen mit Wasser, bevor es sich auflöst, zu einem Oel zu schmelzen und sich aus der Auflösung wieder in Gestalt von Oeltropfen abzusetzen, die erst nach einiger Zeit erstarren.

Das reine Benzamid zeigt bei seiner Krystallisation eine merkwürdige Erscheinung. Aus der kochend heiss gemachten Auflösung setzt es sich bei raschem Erkalten in perlmutterglänzenden, dem chlorsauren Kali sehr ähnlichen Krystallblättchen ab. Langsam erkaltend und bei einer gewissen Concentration erstarrt die ganze Flüssigkeit zu einer weissen Masse, die aus sehr feinen, seideartigen, dem Caffein ähnlichen Krystallnadeln besteht. Nach einem oder mehreren Tagen, oft schon nach einigen Stunden, sieht man in dieser Masse einzelne grosse Höhlungen entstehen, in deren Mittelpunkt sich ein einzelner grosser, oder einige grosse, wohl ausgebildete Krystalle befinden, in welche sich die seidenglänzende Modification verwandelt hat, und nach und nach breitet sich diese Umwandlung der Form durch die ganze Masse aus.

Die Krystallform des Benzamids ist eine gerade rhombische Säule, an welcher die scharfen Seitenkanten durch eine Fläche abgestumpft sind, welcher ein deutlicher Blätterdurchgang parallel geht, auf welche Fläche Zuschärfungen des Endes gerade aufgesetzt sind. Durch vorherrschende Fläche jenes Blätterdurchgangs erscheinen die Krystalle gewöhnlich als rechtwinklige, vierseitige Tafeln mit zugeschärftem Rande. Die Krystalle haben einen starken Perlmutterglanz, sind durchsichtig und zeigen gegen Wasser etwas Fettiges, so dass sie leicht auf der Oberfläche schwimmen bleiben.

Schon bei $+115^\circ$ schmilzt es zu einem wasserklaren Liquidum, welches beim Erkalten zu einer grossblättrig krystallinischen Masse erstarrt, worin man häufig Höhlungen mit wohl ausgebildeten Krystallen findet. Bei stärkerem Erhitzen geräth es ins Kochen und destillirt über. Sein [271] Dampf riecht bittermandelölartig. Es ist leicht entzündlich und verbrennt mit russender Flamme.

In kaltem Wasser ist das krystallisirte Benzamid so wenig löslich, dass die Auflösung kaum Geschmack besitzt. In Alkohol dagegen ist es sehr leicht löslich. Auch von kochendem Aether wird es aufgelöst und kann daraus besonders regelmässig krystallisirt erhalten werden.

Bei gewöhnlicher Temperatur mit kaustischem Kali übergossen, entwickelt das Benzamid durchaus kein Ammoniak. Ebensowenig giebt seine Auflösung, bei gewöhnlicher Temperatur mit einem Eisenoxydsalz vermischt, einen Niederschlag, wie überhaupt dieselbe mit keinem Metallsalz eine Reaction giebt. Kocht man aber das Benzamid mit einer concentrirten Auflösung von kaustischem Kali, so entwickelt sich Ammoniak in Menge und es entsteht benzoesaures Kali. Erhitzt man die mit einem Eisensalz vermischte Auflösung des Benzamids bis zum Sieden, so trübt sie sich und es schlägt sich basisches benzoesaures Eisenoxyd nieder.

Löst man das Benzamid in einer starken Säure im Kochen auf, so verschwindet es, und aus der erkaltenden Auflösung scheidet sich statt dessen Benzoesäure in Krystallen ab, während sich zugleich ein Ammoniaksalz gebildet hat. Bei Anwendung von concentrirter heisser Schwefelsäure sublimirt sich die gebildete Benzoesäure. Durch Kochen mit reinem Wasser dagegen, wenn es auch noch so lange fortgesetzt wird, geht diese Umwandlung in Benzoesäure und Ammoniak nicht vor sich.

Die Analyse des Benzamids liess sich durch Verbrennung mit Kupferoxyd ohne Schwierigkeit bewerkstelligen.

Das relative Verhältniss des Stickstoffs zum Kohlenstoff wurde durch Verbrennung der Substanz im luftleeren Raum ausgemittelt. Die Verbrennungsröhre war an dem einen Ende mit einer 30 Zoll langen Gasleitungsröhre, welche in Quecksilber [272] tauchte, versehen, und an dem anderen Ende war sie zu einer an Masse etwas starken Spitze ausgezogen, welche vermittelst einer Kautschukröhre mit der kleinen Luftpumpe in Verbindung gesetzt werden konnte.

Die Luft wurde alsdann ausgepumpt, und sobald das Quecksilber in der Gasleitungsröhre bis auf etwa 27 Zoll gestiegen war, wurde die Spitze an dem andern Ende der Verbrennungsröhre vermittelst der Löthrohrflamme abgeschmolzen und nun die Verbrennung vorgenommen.

Untersuchungen über das Radikal der Benzoesäure.

Aus diesem Versuche ergab es sich, dass bei der Verbrennung des Benzamids Stickgas und Kohlensäuregas in dem Verhältniss wie 1 : 14 entwickelt werden.
Es lieferten ferner

		Kohlensäure		Wasser
I.	0,400 g Benzamid =	1,012	—	0,208
II.	0,489 g » =	1,235	—	0,253

Hiernach berechnet, erhält man für die Zusammensetzung des Benzamids in 100 Theilen:

	I.	II.
Kohlenstoff . .	69,954 —	69,816
Wasserstoff . .	5,780 —	5,790
Stickstoff . . .	11,563 —	11,562
Sauerstoff . . .	12,603 —	12,832

Berechnet man diese Zahlen auf Volumtheile, so ergiebt sich als theoretisches Resultat:

14 Atome Kohlenstoff . . .	107,0118	—	69,73
14 » Wasserstoff . . .	8,7360	—	5,69
2 » Stickstoff	17,7036	—	11,53
2 » Sauerstoff . . .	20,0000	—	13,05
	153,4514	—	100,00

Aus dieser Zusammensetzung ergiebt sich mit Gewissheit nicht blos die Art der Bildung des Benzamids, sondern auch sein Verhalten zu Kali und zu Säuren, nämlich seine Umwandlung in Benzoesäure und Ammoniak.

[273] Wenn man zur Zusammensetzung des Chlorbenzoyls 4 Atome Ammoniak zurechnet, so erhält man die Formel:

$$14 C + 10 H + 2 O + 2 Cl = \text{Chlorbenzoyl}$$
$$\underline{ 12 H + 4 N = \text{Ammoniak}}$$
$$14 C + 22 H + 2 O + 2 Cl + 4 N.$$

Zieht man hiervon 2 Atome Salmiak ab,

$$14 C + 22 H + 2 O + 2 Cl + 4 N$$
$$\underline{ 8 H + 2 Cl + 2 N}, \text{ so erhält man}$$
$$14 C + 14 H + 2 O + 2 N,$$

nämlich genau die Zusammensetzung des Benzamids, und addirt

man zu den Bestandtheilen dieses letzteren 1 Atom Wasser, so bekommt man die Formel

$$14 C + 16 H + 3 O + 2 N,$$

welche genau die Zusammensetzung des neutralen, wasserfreien benzoesauren Ammoniaks ausdrückt. Dieses Salz besteht nämlich aus

$$\begin{array}{r}1 \text{ Atom Benzoesäure} = 14 C + 10 H + 3 O \\ 1 \text{ } \text{»} \text{ Ammoniak} = 6 H + 2 N \\ \hline 14 C + 16 H + 3 O + 2 N. \end{array}$$

Das Benzamid zeigt noch einige Zersetzungserscheinungen, die wohl ein ausführlicheres Studium verdienen möchten, als wir darauf verwendet haben. Erhitzt man es mit einer überwiegenden Menge von wasserfreiem kaustischem Baryt, so geräth derselbe in eine Art von Schmelzung, indem er sich in Hydrat zu verwandeln scheint, es entwickelt sich Ammoniak, und zugleich destillirt, als bemerkenswerthestes Product, ein farbloser ölartiger Körper über [13]. Er ist leichter als Wasser, in welchem er sich nicht auflöst. Er besitzt einen aromatischen, süsslichen Geruch, nicht unähnlich dem des flüssigen Chlorkohlenstoffs ($C_2 Cl_3$, [14]), und zeichnet sich besonders durch seinen fast zuckersüssen Geschmack aus. Dieses Oel verbrennt mit heller Flamme und wird weder durch kaustische [274] Alkalien noch durch concentrirte Säuren verändert; selbst Kalium lässt sich darin bei gelinder Wärme ohne Veränderung schmelzen.

Dieselbe Substanz entwickelt sich in beträchtlicher Menge und ohne Begleitung von Ammoniak, wenn man Benzamid mit Kalium zusammenschmilzt, wobei sich dieses, ohne besondere Heftigkeit, fast ganz in Cyankalium zu verwandeln scheint.

Leitet man den Dampf von Benzamid durch eine glühende enge Glasröhre, so wird es nur einem geringen Theil nach zersetzt und ohne dass sich eine Spur von Kohle absetzt. Der grösste Theil geht unzersetzt über, gemengt mit einer gewissen Menge des soeben erwähnten süss schmeckenden Oels. Dies ist also offenbar eine eigenthümliche Substanz, die durch ihr Verhalten eine ganz einfache Zusammensetzung anzudeuten scheint und gewiss alle Aufmerksamkeit verdient.

Chlorbenzoyl und Alkohol.

Das Chlorbenzoyl lässt sich in allen Verhältnissen mit Alkohol vermischen. Beobachtet man das Gemisch, so bemerkt man, dass es sich nach wenigen Minuten zu erwärmen anfängt, und diese Erwärmung vermehrt sich in dem Grade, dass die Flüssigkeit nach kurzer Zeit von selbst ins Kochen geräth, unter Ausstossung von starken Dämpfen von Chlorwasserstoffsäure. Giesst man nach beendigter Reaction Wasser hinzu, so scheidet sich ein farbloser, im Wasser untersinkender, ölartiger Körper aus, der einen aromatischen, obstartigen Geruch besitzt. Durch Waschen mit Wasser und Behandlung mit geschmolzenem Chlorcalcium wurde er von Wasser, Alkohol und Säure, womit er verunreinigt sein konnte, befreit.

Ueber die Natur dieses neuen Productes konnten wir nicht lange in Zweifel bleiben, es musste Benzoeäther sein; [275] denn wenn die Zersetzung des Chlorbenzoyls mit Alkohol analog seiner Zersetzung mit Wasser war, worauf die Bildung der Chlorwasserstoffsäure hinwies, so musste sich durch Zersetzung von Wasser aus dem Alkohol auf der einen Seite wasserfreie Benzoesäure, und auf der anderen Aether bilden, die sich im Entstehungsmomente zu Benzoeäther vereinigten. Seiner unerwarteten Entstehung wegen suchten wir uns indessen noch durch eine Analyse vollkommene Gewissheit hierüber zu verschaffen, zumal da uns diese Analyse eine strenge Controle für die Zusammensetzung der Benzoesäure, so wie wir sie gefunden hatten, abgeben konnte.

Zur Analyse wendeten wir die Flüssigkeit nicht eher an, als bis ihr, nach sorgfältigem Waschen mit Wasser, durch wiederholte Digestion mit erneuerten Stücken Chlorcalciums alles Wasser entzogen und sie darauf mehrmals in einem trocknen Apparat rectificirt worden war. Dieselbe über Chlorcalcium zu destilliren, führt nicht zum Zweck, weil alsdann, wegen ihres hohen Siedepunktes, Wasser mit übergeht.

0,622 g lieferten 1,632 Kohlensäure und 0,375 Wasser.
Dies giebt für 100 Theile:

Kohlenstoff . . . 72,529
Wasserstoff . . . 6,690
Sauerstoff. . . . 20,781.

Nach Volumen ist folglich die Zusammensetzung:

18 Atome Kohlenstoff	. . . 137,5866	—	72,37
20 » Wasserstoff	. . . 12,4796	—	6,56
4 » Sauerstoff	. . . 40,0000	—	21,07
	190,0662	—	100,00.

Diese Verhältnisse entsprechen aber genau einer Verbindung von

	C	H	O
1 Atom wasserfreier Benzoesäure	14 —	10 —	3
mit 1 Atom Aether	4 —	10 —	1
	18 —	20 —	4.

[276] Um uns endlich von der vollkommenen Identität in den Eigenschaften des auf diesem Wege entstandenen Benzoeäthers mit dem auf gewöhnliche Weise bereiteten zu überzeugen, stellten wir uns zum Ueberfluss auch diesen dar, nämlich durch Destillation von Benzoesäure mit einem Gemenge von Alkohol und Salzsäure. Bei Vergleichung der Eigenschaften beider, auf so verschiedenem Wege gebildeten Körper zeigte sich nicht der geringste Unterschied. Geruch, Geschmack, spec. Gew. und Verhalten zu Säuren und Alkalien waren bei beiden durchaus gleich.

Die Analyse des Benzoeäthers von *Dumas* weicht von der unsrigen in dem Wasserstoffgehalt sehr bedeutend ab. Sie kann als ein Beweis dienen, wie schwer es ist, sich vor dem Einflusse vorgefasster Meinungen bei Untersuchungen ähnlicher Art frei zu machen.

Benzoin.

Der Körper, welchen wir, wegen seiner mehrfachen Beziehung zu den in dem Kreise dieser Arbeit abgehandelten Stoffen, mit diesem Namen bezeichnen wollen, ist zwar schon früher, namentlich von *Stange*, beobachtet, aber kaum mehr als seinen äusseren Eigenschaften nach untersucht worden. Es ist derselbe, welcher in chemischen Werken unter dem Namen **Bittermandelölcampher** oder **-Camphorid** aufgeführt ist.

Das Benzoin entsteht unter gewissen Umständen aus dem Bittermandelöl[15]). Wir erhielten es zum Beispiel zufällig, wie schon andere vor uns, bei der Rectification des Oels mit kaustischem Kali, wobei es auf dem Kali schwimmend zurückblieb. Wir erhielten es ferner in grosser Menge, als wir Bittermandelöl mit einer concentrirten Auflösung von kaustischem Kali mehrere Wochen lang stehen liessen. Dieselbe Umwandlung des Oels, in Berührung mit Alkali, haben [277] *Robiquet* und *Charlard* auch bei vollkommen abgehaltenem Luftzutritt beobachtet. Wir haben diese Beobachtung bestätigt gefunden. Das Oel war bei unserem Versuche, wiewohl erst nach mehreren Wochen, fast vollständig in festes Benzoin umgewandelt. Endlich haben wir dasselbe noch auf die Weise dargestellt, dass wir Bittermandelöl bis zur Sättigung in Wasser auflösten und diese Auflösung mit etwas kaustischem Kali vermischten. Nach mehreren Tagen fing das Benzoin an sich in Flocken feiner Krystallnadeln abzusetzen.

In allen diesen Fällen wird das Benzoin anfänglich mehr oder weniger gelb gefärbt erhalten. Durch Auflösen in heissem Alkohol, Behandeln mit Blutkohle und mehrmaliges Umkrystallisiren erhält man es vollkommen rein und farblos.

Das Benzoin bildet klare, stark glänzende, prismatische Krystalle. Es besitzt weder Geschmack noch Geruch. Es schmilzt bei $+120°$ zu einem farblosen Liquidum, welches wieder zu einer grossstrahlig krystallinischen Masse erstarrt. Bei stärkerer Hitze geräth es ins Kochen und destillirt unverändert über. Es ist leicht entzündlich und verbrennt mit heller russender Flamme.

In kaltem Wasser ist es unlöslich; in kochendem löst es sich in geringer Menge auf und scheidet sich beim Erkalten wieder in feinen Krystallnadeln ab. Von heissem Alkohol wird es in viel grösserer Menge aufgenommen als von kaltem.

Es wird weder von heisser concentrirter Salpetersäure, noch von einer kochenden Auflösung von Kalihydrat zersetzt. Mit concentrirter Schwefelsäure dagegen giebt es im ersten Augenblick eine veilchenblaue Auflösung, die sich bald bräunt und beim Erwärmen eine tief grüne Farbe annimmt, aber unter Entwickelung von schwefliger Säure und baldiger Schwärzung der Masse.

Durch seine Eigenschaften bietet also dieser Körper, wie man sieht, an sich wenig Interesse dar; um so merkwürdiger [278] aber ist er durch seine Beziehung zum Benzoylwasserstoff, mit dem er in der That, wie die Analyse auswies, vollkommen gleiche Zusammensetzung hat, von dem er also eine isomerische Modification ausmacht, wie auch seine räthselhafte Entstehung aus dem Oel durch die unerklärliche Einwirkung des Kalis, ohne Zutritt der Luft, anzudeuten schien.

1,00 g Benzoin lieferten bei der Verbrennung 2,860 g Kohlensäure und 0,512 Wasser. Dies giebt für seine Zusammensetzung in 100 Theilen:

$$\begin{aligned}
\text{Kohlenstoff} &\ldots 79{,}079 \\
\text{Wasserstoff} &\ldots 5{,}688 \\
\text{Sauerstoff} &\ldots 15{,}233,
\end{aligned}$$

also dieselben Atomverhältnisse derselben Elemente wie im Benzoylwasserstoff.

Es ist denkbar, dass die sehr verschiedenen Eigenschaften des Benzoins und des Benzoylwasserstoffs auf der Art der Verbindung des Wasserstoffs beruhen, welcher vielleicht im ersteren mit 1 Atom Sauerstoff als Wasser enthalten sein könnte. Aber die Vorstellungsweise, als beruhe diese Verschiedenheit beim Benzoin auf einer solchen geänderten Verbindungsart des Wasserstoffs, dass er nun nicht mehr wie beim Oel durch andere Körper, wie Chlor u. s. w., vertreten werden könnte, scheint durch das Verhalten des Benzoins zu Brom widerlegt zu werden.

Uebergiesst man nämlich dasselbe mit Brom, so erhitzt es sich damit bis zum Kochen, und es entwickelt sich eine Menge Bromwasserstoffsäure. Nachdem man diese und das überschüssige Brom durch weiteres Erwärmen ausgetrieben hat, findet man das Benzoin in eine braune, zähe, wie Brombenzoyl riechende Flüssigkeit verwandelt, die aber nicht, wie dieses, fest wird. Mit kochendem Wasser scheint sie sich gar nicht oder nur unmerklich langsam zu zersetzen. Mit kaustischem Kali zersetzt sie sich zwar im Kochen, aber ebenfalls [279] schwierig. Aus der mit Salzsäure vermischten alkalischen Auflösung setzen sich beim Erkalten feine, nadelförmige Krystalle ab, die keine Benzoesäure zu sein scheinen, aber ebensowenig unverändertes Benzoin sein können, da sie sich mit Leichtigkeit in Alkali auflösen. — Wenn man das soeben angedeutete Brombenzoin als eine isomerische Modification der entsprechenden Benzoylverbindung betrachten kann, so wäre es denkbar, dass sich bei der obigen Zersetzung mit Alkali eine neue Säure gebildet hätte, die eine isomerische Modification der Benzoesäure wäre.

Wir haben vergebens versucht, das Benzoin wieder rückwärts in Bittermandelöl zu verwandeln. Mit Kalihydrat geschmolzen verwandelt es sich indessen, wie das Oel, in Benzoesäure unter Entwickelung von Wasserstoffgas. In seinem Verhalten zu einer Auflösung von Kali in Alkohol weicht es aber wiederum von dem Oel ab. Mit der alkalischen Flüssigkeit übergossen wird es sogleich mit Purpurfarbe aufgelöst, und gleich darauf erstarrt das Ganze zu einer aus feinen Krystallblättchen bestehenden Masse. Mit Wasser übergossen bildet sich eine milchige Flüssigkeit, aus der sich nach dem Erhitzen beim Erkalten dicke Flocken feiner Krystallnadeln abscheiden, die unverändertes Benzoin sind.

Allgemeine Betrachtungen.

Indem wir die in der vorstehenden Abhandlung beschriebenen Verhältnisse noch einmal überblicken und zusammenfassen, finden wir, dass sie sich alle um eine einzige Verbindung gruppiren, welche fast in allen ihren Vereinigungsverhältnissen mit andern Körpern ihre Natur und ihre Zusammensetzung nicht ändert. Diese Beständigkeit, diese Consequenz in den Erscheinungen, bewog uns, jene Verbindung als einen zusammengesetzten Grundstoff anzunehmen, und dafür eine besondere Benennung, den Namen Benzoyl, vorzuschlagen.

[280] Die Zusammensetzung dieses Radikals haben wir durch die Formel $14 C + 10 H + 2 O$ ausgedrückt.

In Verbindung mit 1 Atom Sauerstoff bildet das Benzoyl die wasserfreie Benzoesäure, und in Verbindung mit 1 Atom Sauerstoff und 1 Atom Wasser die krystallisirte.

Mit 2 Atomen Wasserstoff bildet es das blausäurefreie, reine Bittermandelöl. Indem sich dieses an der Luft in krystallisirte Benzoesäure verwandelt, nimmt es 2 Atome Sauerstoff auf, wovon das eine mit dem Radikal Benzoesäure, das andere mit den 2 Atomen Wasserstoff das Wasser der krystallisirten Säure erzeugt.

Die Stelle des Wasserstoffs in dem Oel, oder des Sauerstoffs in der Benzoesäure, kann ferner durch Chlor, Brom, Jod, Schwefel und Cyan vertreten werden, und die daraus hervorgehenden Körper, vergleichbar mit den entsprechenden Phosphorverbindungen, bilden alle, durch Zersetzung mit Wasser, auf der einen Seite eine Wasserstoffsäure und auf der anderen Benzoesäure.

Das Vertreten der 2 At. Wasserstoff in dem reinen Bittermandelöl durch die Salzbilder scheint uns in allen Fällen ein scharfer Beweis für die Annahme zu sein, dass dieser Wasserstoff mit den anderen Elementen in einer besondern Art von Verbindung ist; diese besondere Art der Verbindung lässt sich durch den Begriff von Radikal, der aus der unorganischen Chemie entlehnt ist, mehr andeuten als scharf bezeichnen.

Mit dem Radikal zwar in ursprünglichem Zusammenhang stehend, sind doch Benzamid und Benzoin gleichsam aus seiner Sphäre ganz herausgetreten, und müssen als selbständige Körper eigner Art betrachtet werden, die zum Benzoyl in keiner näheren Beziehung stehen, als der Harnstoff zum Cyan [16]).

Wenn wir auch diesen aus drei Elementen zusammengesetzten Grundstoff nicht mit dem Cyan vergleichen können, eben weil die grössere Anzahl von Elementen zu weit verwickelteren [281] Zersetzungen Veranlassung geben muss, auch beide in der That keine durchgreifende Aehnlichkeit mit einander zu haben scheinen, so halten wir es doch für nicht unwahrscheinlich, dass es noch mehr als eine Gruppe von organischen Körpern, namentlich unter den flüchtigen Oelen, geben könne, welchen dasselbe Radikal als zusammengesetztes Element zu Grunde liegt. Genaue Analysen mehrerer flüchtigen Oele, bei denen man Bildung von Benzoesäure durch blosse Oxydation an der Luft oder durch Einwirkung von Salpetersäure beobachtet hat, so besonders die Analysen von Fenchelöl, Anisöl, Zimmtöl, werden zeigen, inwiefern eine solche Vermuthung gegründet ist.

Wenn von dem Verhalten des Cyan- und Chlorbenzoyls ein Rückschluss auf die eigenthümliche Natur der Verbindung gestattet ist, welche beim Hinzutritt von Wasser zu den bitteren Mandeln zur Entstehung von Blausäure und Benzoylwasserstoff (rohem Bittermandelöl) Veranlassung giebt, so scheint es uns möglich zu sein, ohne hier aber dem Experiment vorgreifen zu wollen, dass in den Mandeln eine Verbindung von Cyan mit einem Körper enthalten ist, welcher von dem Benzoylwasserstoff lediglich in dem Gehalt an Sauerstoff verschieden ist, in der Art, dass durch Hinzutritt der Bestandtheile des Wassers auf der einen Seite Benzoylwasserstoff und auf der anderen Blausäure gebildet wird; es scheint uns ferner wahrscheinlich, wenn das Amygdalin ein Zersetzungsproduct dieser Verbindung mit Weingeist ist, dass hierbei ein ähnlicher Umtausch nach Art der Zersetzung des Chlorbenzoyls mit Weingeist vor sich geht, nur mit dem Unterschiede, dass das Cyan oder seine Bestandtheile in die neue Verbindung mit eingehen.

Das Benzoin besitzt hinsichtlich seiner Bildung und seiner physischen Eigenschaften grosse Aehnlichkeit mit den festen [282] krystallinischen Substanzen, die sich in anderen flüchtigen Oelen bilden oder mit der Zeit daraus abscheiden; genaue

Analysen werden darüber Aufschluss geben, ob diese sogenannten Kampferarten (Stearoptene) mit den flüssigen Oelen, aus denen sie hervorgegangen sind, in ihrer Zusammensetzung ebenfalls identisch sind, und ob nur in der Art, wie ihre Bestandtheile mit einander verbunden sind, die Ursache ihres verschiedenen Zustandes und ihrer übrigen abweichenden Eigenschaften zu suchen sei.

Schreiben

von Berzelius an Wöhler und Liebig

über

Benzoyl und Benzoesäure.

Stockholm den 2. Sept. 1832.

Für die höchst interessanten Mittheilungen Ihrer gemeinschaftlichen wichtigen Untersuchungen über das Bittermandelöl statte ich Ihnen meinen verbindlichsten Dank ab.

Ihrem Wunsche gemäss habe ich meine älteren Versuche über die Zusammensetzung der Benzoesäure einer Revision unterworfen und finde dadurch das Resultat Ihrer Analyse aufs schönste bestätigt.

Ich habe, wie Sie verlangten, eine Analyse des benzoesauren Silberoxyds angestellt, und ich erhielt durch behutsames Verbrennen von 100 Th. des Silbersalzes, das vorher bei + 100° getrocknet worden war, 46,83 metallisches Silber, welches mit dem von Ihnen berechneten theoretischen Resultat (46,56) so genau übereinstimmt, als man nur erwarten kann.

Sie haben bemerkt, dass meine Analyse des benzoesauren Bleioxyds, so wie sie sich in meiner älteren Abhandlung vorfindet, damit auch vollkommen übereinstimmt. Eine neue Analyse, die ich mit Schwefelsäure und Alkohol gemacht habe, (283) gab das nämliche Resultat und bestätigt somit das in meiner ersten Analyse gefundene Eine Atom Krystallwasser.

Ich theile Ihnen hier das Resultat einer schon 1813 gemachten Analyse der sublimirten Benzoesäure mit, welche ich nach meiner damaligen Methode mit chlorsaurem Kali und Chlorkalium gemengt, in einer Röhre verbrannte.

0,335 g Säure gaben auf diese Weise 0,138 g Wasser und 0,855 Kohlensäure.

Dies giebt auf 100 Theile berechnet:

Kohlenstoff 68,85
Wasserstoff 4,99
Sauerstoff . . . . 26,66.

Diese Zahlen stimmen genau mit der Zusammensetzung der wasserhaltigen Säure $C_{14}H_{12}O_4$ überein.

Da ich aber vergebens versuchte, durch Sättigung der krystallisirten Benzoesäure mit einer gewogenen Quantität Bleioxyd Wasser aus der Benzoesäure abzuscheiden, einen Gehalt an Krystallwasser also darin nicht nachweisen konnte, da das Resultat dieser Analyse ferner 4 Atome Sauerstoff ergab, obgleich ich vorher durch die Analyse des basischen Bleisalzes gefunden hatte, dass die Säure darin dreimal so viel Oxyd sättigt als im neutralen benzoesauren Bleioxyd, so wurde ich dadurch veranlasst, indem diese Resultate sich mit einander nicht vereinigen liessen, diese Analyse der krystallisirten Säure zu verwerfen.

Ich verbrannte sodann gewogene Mengen von neutralem benzoesaurem Bleioxyd, nachdem ich vorher versucht hatte, dieses Salz durch Schmelzen vom Krystallwasser zu befreien.

Jede analysirte Quantität des Salzes wurde für sich dargestellt; ich habe dies stets als Grundsatz befolgt, weil man durch einen Fehler in einer einzigen Bereitung leicht einen constanten Fehler in allen Analysen bekommen kann; ich habe deshalb [284] jede zu analysirende Portion für sich geschmolzen, und bekam immer variirende Resultate bei der Analyse; die Ursache dieser Abweichungen habe ich geglaubt einer Verflüchtigung unzersetzter Benzoesäure zuschreiben zu müssen. Wenn ich jetzt die Resultate dieser Analysen unter einander vergleiche, so ist es einleuchtend, dass in dem geschmolzenen Salze verschiedene Wasserrückstände enthalten waren.

Um der Verflüchtigung der Säure zuvorzukommen, wandte ich deshalb das basische Bleioxydsalz an; es ist dies die Analyse, die ich beschrieben habe. Wird das Resultat derselben nach berichtigten Atomgewichten berechnet, und mit dem von Ihrer Analyse verglichen, so fällt es folgendermaassen aus:

Untersuchungen über das Radikal der Benzoesäure.

	Resultat der alten Analyse		Resultat der richtigen Analyse
Kohlenstoff . . .	75,105	—	71,703
Wasserstoff . . .	4,951	—	4,356
Sauerstoff . . .	19,644	—	20,941.

Die alte Analyse weicht daher von der theoretischen Zusammensetzung um 0,7 im Kohlenstoff und 0,595 im Wasserstoff ab, welcher Ueberschuss den Sauerstoff um eben so viel verringert.

Die Resultate, welche Sie aus der Untersuchung des Bittermandelöls gezogen haben, sind gewiss die wichtigsten, die man in der vegetabilischen Chemie bis jetzt gewonnen hat, und versprechen über diesen Theil der Wissenschaft ein unerwartetes Licht zu verbreiten.

Der Umstand, dass ein Körper, der aus Kohlenstoff, Wasserstoff und Sauerstoff zusammengesetzt ist, sich mit anderen Körpern, besonders aber mit Salz- und Basenbildern, nach Art der einfachen Körper verbindet, entscheidet, dass es ternär zusammengesetzte Atome (der ersten Ordnung) giebt, und das Radikal der Benzoesäure ist das erste mit Gewissheit [285] dargelegte Beispiel eines ternären Körpers, welcher die Eigenschaften eines einfachen besitzt. Es ist zwar wahr, dass wir vorher das Schwefelcyan für einen solchen gehalten haben, allein Sie wissen, dass seine Verbindungen auch als Schwefelsalze betrachtet werden konnten, und dieser Körper selbst schien ein Sulfuretum von Cyan zu sein.

Die von Ihnen dargelegten Thatsachen geben zu solchen Betrachtungen Anlass, dass man sie wohl als den Anfang eines neuen Tages in der vegetabilischen Chemie ansehen kann[17]). Von dieser Seite aus würde ich vorschlagen, das zuerst entdeckte, aus mehr als zwei Körpern zusammengesetzte Radikal chemischer Verbindungen Proin von dem Worte πρωΐ, Anfang des Tages, in dem Sinne ἀπὸ πρωΐ ἕως ἑσπέρας Act. 28. v. 22), oder Orthrin von ὄρθρος, Morgendämmerung, zu nennen, von welchen nachher die Namen Proinsäure, Orthrinsäure, Chlorproin, Chlororthrin u. s. w. mit grosser Leichtigkeit hergeleitet werden könnten. In Betrachtung aber, dass der lange angenommene Name Benzoesäure dadurch auch verändert werden würde, und dass wir immer gewohnt sind, allgemein gebrauchte Benennungen, insofern sie keinen Doppelsinn in sich begreifen, zu respectiren, indem wir aus diesen die neuen Namen herleiten, z. B. Boron von Boraxsäure, Kalium von Kali u. s. f., so scheint es mir, dass es in jeder Hinsicht am passendsten ist, das von Ihnen vorgeschlagene Wort Benzoyl*) vorzugsweise anzunehmen und Benzoesäure in Benzoylsäure zu verändern, wie wir nunmehr Borsäure statt Boraxsäure sagen.

[286] Von dem Augenblick an, wo man mit einiger Gewissheit ternäre Atome der ersten Ordnung kennt, welche nach Art der einfachen Körper Verbindungen eingehen, so wird es eine grosse Erleichterung beim Ausdruck in der Formelsprache, jedes Radikal mit einem eignen Zeichen zu bezeichnen, wodurch der Begriff der Zusammensetzung, den man ausdrücken will, dem Leser gleich mit Klarheit in die Augen fällt. Ich will dies mit einigen Beispielen erläutern [1]). Wir setzen z. B. Benzoyl $C_{14} H_{10} O_2$ = Bz, so haben wir

Bz = Benzoylsäure.
BzH = Bittermandelöl.
BzCl = Chlorbenzoyl.
Bz oder BzS = Schwefelbenzoyl**).
Bz + $2 NH_3$ = Benzoyl-Ammoniak.

Setzen wir nun Amid = NH_2, so haben wir

Bz + NH_2 = Benzamid oder richtiger Benzoylamid.
C̈ + NH_2 = Oxamid.
K + NH_2 = Kaliumamid (Lehrbuch I. 794).
N + NH_2 + Natriumamid.

Setzen wir weiterhin Oleum vini, das ich Aetherin zu nennen vorschlage,

$C_4 H_8$ = Ae, so haben wir
Ae + 2 H Alkohol.
Ae + H Aether.
Ae + HCl Salzäther.

*) Wir hatten anfangs den Namen Benzoin gewählt, wie auch eigentlich in *Berzelius*' Brief steht, und haben erst später dafür Benzoyl gesetzt, um das Wort Benzoin für den isomerischen Benzoylwasserstoff gebrauchen zu können; bei der Endung auf yl wird man um so weniger an Strychnin, Salicin u. s. w. erinnert.
W. und *L*.

**. Es wird von grossem Interesse sein, zu erfahren, wie dieses sich zu Schwefelbasen verhält.

Ae + $\bar{N}\dot{H}$ Salpeteräther.
Ae + Bz$\dot{H}$ Benzoyläther.
Ae$\ddot{S}$ + $\dot{H}\ddot{S}$ Weinschwefelsäure nach *Hennel* und *Serullas*.
Ae + 2$\dot{H}\ddot{S}$ Weinschwefelsäure nach *Wöhler* und *Liebig*.
2Ae$\ddot{S}$ + $\dot{H}$ Schwefelsäurehaltiges Weinöl.
Ae + $\bar{A}\dot{H}$ Essigäther.
2Ae + $\bar{A}\dot{H}$ Brenzessiggeist.
Ae + 2Pt$\bar{C}$l *Zeise's* Aethersalz.
?Ae + 2Pt Aetherhaltiges Platinoxydul.
?Ae + 2Pt Aetherplatin.

Nehmen wir versuchsweise an, es gebe ein Oxyd des Aetherins = $\dot{A}$e, so haben wir

Ae + $\dot{H}$ Holzspiritus.*)
2Ae + $\dot{H}$ Acetal oder *Döbereiner's* neuer Sauerstoffäther.

Aus diesen beiden letzteren Formeln ersieht man, dass das Acetal zum Holzgeist sich genau wie Brenzessiggeist zum Essigäther verhält.

Ich glaube aber darauf insistiren zu müssen, dass solche Formeln nur dann einzuführen sind, wenn die Ideen, welche sie ausdrücken sollen, einigermaassen zu bestätigten Wahrheiten erhoben sind, sonst würden sie nur zu babylonischer Verwirrung führen.

*) Nach den Resultaten der Analysen beider Körper, welche ich *Berzelius* brieflich mitgetheilt habe und die in einem der nächsten Hefte dieses Journals erscheinen werden.   J. L.

Anmerkungen.

1) *Zu S. 3.* Die Abhandlung: Untersuchungen über das Radikal der Benzoesäure, welche *Wöhler* und *Liebig* 1832 in den Annalen der Pharmacie Bd. III, S. 249 veröffentlichten, hat auf die Entwickelung der organischen Chemie einen mächtigen Einfluss ausgeübt. Diese Arbeit hat, von schon vorher bekannten Verbindungen ausgehend, wichtigste neue kennen gelehrt und für die verschiedenen in ihr behandelten Verbindungen festgestellt, in welchen einfachen Beziehungen sie ihrer Zusammensetzung nach unter einander stehen. Aber über Das hinaus, was die Arbeit in dieser Richtung sofort als ein Vorbild für Forschungen auf dem Gebiete der organischen Chemie anerkennen liess, hat dieselbe auf die Gestaltung allgemeinerer Ansichten über die Constitution organischer Substanzen dadurch eingewirkt, wie sie die Vorstellung neu aufleben liess und begründete, dass solche Substanzen zusammengesetzte Radikale enthalten: selbst schon zusammengesetzte Bestandtheile, welche ganz so wie unzerlegbare Körper des Eingehens in Verbindungen fähig seien. Zur Würdigung der Bedeutung, welche *Wöhler* und *Liebig*'s Untersuchung in dieser Hinsicht zukommt, ist es nöthig daran zu denken, was vorher bezüglich der Existenz zusammengesetzter Radikale angenommen und erkannt und wie es für die Betrachtung organischer Substanzen in Anwendung gekommen war.

Dafür haben wir hundert Jahre, bis zu *Lavoisier*, zurückzugehen. Wie schon vorher und noch lange nachher galt auch diesem Forscher eine Säure als wasserfrei in dem Zustand, in welchem sie in wasserfreiem Salz mit Base verbunden sei. Nach der Erkenntniss des Sauerstoffgehaltes in Säuren bezeichnete *Lavoisier* — einen für die chemische Nomenclatur 1787 von *Guyton de Morveau* gemachten Vorschlag adoptirend — denjenigen Theil einer wasserfreien Säure, welcher in ihr mit

Sauerstoff vereinigt ist, als das Radikal der Säure. In seinem Traité de chimie legte er 1789 dar, dass die mineralischen Säuren (mit Ausnahme des Königswassers) nur einfache, aus einem unzerlegbaren Körper bestehende Radikale enthalten, während die Radikale der vegetabilischen und der animalischen Säuren aus mindestens zwei Elementen zusammengesetzt seien: die der vegetabilischen Säuren meistens aus Kohlenstoff und Wasserstoff, zu welchen Elementen namentlich in den animalischen Säuren noch Stickstoff und Phosphor kommen. Aus den nämlichen Elementen setzen sich nach ungleichen Verhältnissen derselben verschiedene Radikale zusammen. Zusammengesetzte Radikale können mit Sauerstoff auch zu anderen als zu sauren Substanzen vereinigt sein: Oxyde aus Kohlenstoff und Wasserstoff bestehender Radikale seien z. B. Zucker, Stärkemehl, Gummi, und aus solchen Oxyden können durch Zutreten einer weiteren Menge von Sauerstoff Säuren entstehen. Dasselbe Radikal, dessen Oxyd der Zucker sei, sei auch in der bei Zuführung von Sauerstoff zum Zucker sich bildenden Oxalsäure enthalten (in diesem Sinne, und nicht etwa als die Annahme eines sauerstoffhaltigen Radikals anzeigend, ist auch der Ausspruch zu nehmen, dass der Zucker das wahre Radikal der Oxalsäure zu sein scheine). Die durch *Lavoisier*'s Angabe, dass dabei in Folge weiter gehender Oxydation noch andere Säuren, Aepfelsäure und Essigsäure, gebildet werden, nahe gelegte Vermuthung, er habe auch diese Säuren als höhere Oxydationsstufen des in dem Zucker enthaltenen Radikals angesehen, findet in dem, was er sonst über sie gesagt hat, keine Bestätigung.

Die in dieser Weise durch *Lavoisier* eingeführte Vorstellung, dass selbst schon zusammengesetzte Körper sich bezüglich der Bildung von Verbindungen so wie unzerlegbare verhalten können, kam während längerer Zeit für die Betrachtung der Constitution organischer Substanzen nicht zu weiterer Ausbildung. Befestigung gewann sie auf dem Grenzgebiet zwischen der organischen und der unorganischen Chemie, auf welchem *Gay-Lussac*'s Untersuchungen über die Blausäure 1815 das für sich darstellbare Cyan als einen zusammengesetzten Körper kennen lehrten, der nach seinem Eingehen in Verbindungen sich dem Chlor ganz ähnlich verhält; das Cyan wurde alsbald als ein zusammengesetztes Radikal anerkannt, und ihm entsprechend wurde in schwefelhaltigen Verbindungen desselben das Schwefelcyan als ein aus drei Elementen zusammengesetztes Radikal durch *Berzelius* 1820 angenommen. Keinen Anklang fand die von *Dulong*

1815 ausgesprochene Ansicht, als ein dem Cyan vergleichbarer zusammengesetzter Bestandtheil sei die Kohlensäure in der freien Oxalsäure mit Wasserstoff, in oxalsauren Salzen mit Metall vereinigt. Auf dem Gebiete der unorganischen Chemie wurde jene Vorstellung durch *Ampère* in Anwendung gebracht, welcher 1816 darlegte, dass die Annahme des nachher als Ammonium bezeichneten zusammengesetzten Radikals in den Ammoniaksalzen die Constitution der letzteren als der der Kaliumsalze entsprechend aufzufassen gestattet; aber diese Anschauung kam erst spät zu allgemeinerer Geltung, und lange noch betrachteten viele Chemiker sauerstofffreie Ammoniaksalze als aus Ammoniak und einer Wasserstoffsäure, sauerstoffhaltige als aus Ammoniak, wasserfreier Säure und Wasser zusammengefügt. — Gerade für solche organische Substanzen, wie diejenigen, in welchen *Lavoisier* zusammengesetzte Radikale angenommen hatte, trat die Beachtung dieser Radikale in den ersten Decennien unseres Jahrhunderts mehr und mehr zurück. Die Gewichtsverhältnisse, nach welchen die Elemente in verschiedenen organischen Substanzen enthalten sind, wurden für eine wachsende Anzahl der letzteren und genauer bestimmt, und es wurde erkannt, dass sie sich durch atomistische Formeln ausdrücken lassen. Die Atomgruppen, welche in wasserfreien Säuren und anderen sauerstoffhaltigen organischen Substanzen mit Sauerstoff vereinigt sind, betrachtete im Anschluss an *Lavoisier*'s Anschauung auch *Berzelius* als die Radikale dieser Verbindungen. Aber es lag keine Veranlassung vor, diese Radikale näher ins Auge zu fassen; nicht etwa nur, weil sie ganz hypothetische, nicht für sich darstellbare Körper waren, sondern wesentlich desshalb, weil *Berzelius* — wie er 1816 aussprach und bis um 1830 festhielt — der Ansicht war, jedes zusammengesetzte Radikal sei nur nach einem Verhältniss der Vereinigung mit Sauerstoff fähig. Hätte er Grund gehabt zu glauben, verschiedene organische Verbindungen können ungleiche Oxydationsstufen des nämlichen zusammengesetzten Radikals sein (so wie *Lavoisier* in nun als irrig erkannter Weise für Zucker und Oxalsäure angenommen hatte), so wäre für die speciellere Beachtung dieses Radikals der einfachen Beziehungen wegen, in welche es jene Verbindungen brächte, Anlass gegeben gewesen. So aber lag dafür dieser Anlass nicht vor, und dazu regte auch noch nicht der erst später gemachte Versuch an, über die von *Lavoisier* überkommene Lehre, im Allgemeinen seien unorganische Säuren oder Oxyde Verbindungen unzerlegbarer, organische dagegen

Verbindungen zusammengesetzter Radikale mit Sauerstoff, hinausgehend je ein bestimmtes zusammengesetztes Radikal mit einem bestimmten unzerlegbaren Körper darauf hin zu vergleichen, dass das erstere und der letztere sich nach demselben atomistischen Verhältniss mit Sauerstoff zu ähnlich sich verhaltenden Verbindungen vereinigen. In der That findet sich vor 1832 nur für eine sauerstoffhaltige Säure mit zusammengesetztem Radikal das letztere besonders beachtet: für die Cyansäure nach *Wöhler's* Untersuchung derselben (1822), und das Cyan war das einzige zusammengesetzte Radikal, welches als der gemeinsame Bestandtheil ganz ungleichartiger Verbindungen anerkannt war; damit waren aber auch für die letzteren, damals noch zu den unorganischen gerechneten Verbindungen als zusammengehörige die Beziehungen leicht zu übersehen, in welchen sie, was die Zusammensetzung oder den Uebergang einer in eine andere betrifft, unter sich stehen.

Für eine übersichtliche Betrachtung ungleichartiger Verbindungen, welche als organische anerkannt waren, vermochte keine von den in *Lavoisier's* Sinn zu machenden Annahmen zusammengesetzter Radikale Aehnliches zu leisten. Aber es waren und wurden doch auch derartige Verbindungen bekannt, für welche danach, wie eine eine andere in einfacher Weise entstehen lässt oder mehrere von einer aus in ähnlicher Weise zu erhalten sind, es wahrscheinlich war, dass sie in nahen Beziehungen zu einander stehen; so namentlich Weingeist und Aether oder diejenigen Aetherarten, an deren Zusammensetzung die zur Darstellung derselben angewendete Säure Antheil nimmt. Für solche Verbindungen suchte man doch auch zur klareren Erfassung dieser Beziehungen auf Grund einer bestimmten Vorstellung über ihre Constitution zu kommen. Die Theorie der zusammengesetzten Radikale gewährte in der Zeit, an welche hier zu erinnern ist, eine dafür genügende Vorstellung nicht; in dem Weingeist und in dem Aether waren bei stricter Anwendung dieser Theorie mit *Berzelius* ganz verschiedene Radikale anzunehmen. Eine andere Vorstellung schien sich besser zu eignen: dass solche organische Verbindungen, wie die eben genannten, aus einfacheren Verbindungen zusammengefügt seien. Die Beziehung zwischen dem Weingeist und dem Aether war anschaulicher gemacht durch Das, was *Gay-Lussac* 1815 darlegte: dass beide Substanzen sich als aus ölbildendem Gas und Wasser bestehend betrachten lassen, der Weingeist als auf die nämliche Menge dieses Kohlenwasserstoffs doppelt so viel Wasser enthaltend als der Aether. An diese Auffassung sich anschliessend sprach *Dumas* in einer gemeinsam mit *Boullay d. J.* ausgeführten Untersuchung über die sog. zusammengesetzten Aether 1828 sich dahin aus, dass das ölbildende Gas ein näherer Bestandtheil auch dieser Substanzen sei, in ihnen, so wie das Ammoniak in den Salzen desselben (vergl. S. 36), mit einer Wasserstoffsäure oder mit einer wasserfreien Sauerstoffsäure und Wasser vereinigt. Diese Ansichten über die Constitution wichtigster organischer Substanzen fanden die Zustimmung vieler Chemiker, und ähnliche wurden auch noch für andere Substanzen als die genannten vorgebracht. Da kamen solche zusammengesetzte Radikale, wie sie *Lavoisier* angenommen hatte, nicht mehr in Betracht; darauf, wie wasserfreie organische Säuren, welche nähere Bestandtheile ätherartiger Verbindungen sein sollten, constituirt seien, wurde nicht eingegangen.

So war man um 1830 weit davon abgekommen, für die Beurtheilung der Constitution organischer Substanzen das Vorhandensein zusammengesetzter Radikale in denselben in Betracht zu ziehen. Auf einem von der früheren Ableitung derartiger Radikale abweichenden Wege gelangten 1832 *Wöhler* und *Liebig* in der vorstehenden Untersuchung mehrerer ungleichartiger organischer Substanzen zu der Annahme eines denselben gemeinsamen, für die Bildung von Verbindungen sich wie ein unzerlegbarer Körper verhaltenden zusammengesetzten Bestandtheils; durch Das, was diese Arbeit kennen lehrte, wurde wirksame Anregung zu eingehenderer Beschäftigung mit der Frage gegeben, welche zusammengesetzte Radikale in verschiedenen organischen Substanzen enthalten seien.

2) *Zu S. 4.* Mit diesen Versuchen beschäftigten sich *Wöhler* und *Liebig* 1836; in der 1837 von ihnen veröffentlichten Abhandlung über die Bildung des Bittermandelöls zeigten sie, welche Einwirkung das Emulsin auf das Amygdalin ausübt.

3) *Zu S. 4.* Nämlich in der da gebrachten Uebersetzung von *Liebig*'s erster Abhandlung über die Hippursäure (Pogg. Ann. Bd. XVII, S. 389; 1829).

4) *Zu S. 5. Dumas* hatte 1831 (Ann. chim. phys. T. XLVIII, p. 430) angenommen, in dem Terpentinöl, dem natürlichen und dem sog. künstlichen Campher sei ein als Camphogen bezeichneter Kohlenwasserstoff von der später auch durch ihn für das Terpentinöl bestimmten Zusammensetzung enthalten, welcher in dem (damals noch von *D.* als sauerstoffhaltig betrachteten) Terpentinöl mit Wasser, in dem natürlichen Campher mit

Sauerstoff, in dem sog. künstlichen Campher mit Chlorwasserstoff vereinigt sei.

5) *Zu S. 6.* Vergl. Anmerkung 9.

6) *Zu S. 6.* Dass das Bittermandelöl durch rauchende Salpetersäure nitrirbar ist, zeigte *Bertagnini* 1851.

7) *Zu S. 9.* »Berechnet auf Volumtheile« d. h. auf Atomgewichte, entsprechend der von *Berzelius* seit 1813 vertretenen Ansicht, dass die Atomgewichte der Elemente den Gewichten gleicher Volume der letzteren im Gaszustand proportional zu setzen seien, welche Gewichte für weitaus die meisten Elemente allerdings nur hypothetische sein konnten. Die von *Wöhler* und *Liebig* in der vorstehenden Abhandlung gebrauchten Atomgewichte waren die von *Berzelius* damals angenommenen; den von Diesem auf das Atomgewicht des Sauerstoffs = 100 bezogenen (gekürzten) Zahlen sind in der folgenden kleinen Tabelle die auf das des Wasserstoffs = 1 reducirten beigefügt:

$$\begin{array}{lrcr} O & 100 & \text{bez.-w.} & 16{,}03 \\ H & 6{,}21 & » & 1 \\ C & 76{,}44 & » & 12{,}25 \\ N & 88{,}52 & » & 11{,}19 \\ Cl & 221{,}32 & » & 35{,}47 \\ Ag & 1351{,}6 & » & 216{,}6 \end{array}$$

Die weiterhin von *W.* und *L.* gebrauchten Atomgewichte sind auf das des Sauerstoffs = 10 bezogen.

8) *Zu S. 12.* Nach der Beziehung, welche hier für das Bittermandelöl und die Benzoesäure nachgewiesen wurde, war das erstere thatsächlich der Erstling unter den jetzt als Aldehyde unterschiedenen Verbindungen. Zum Prototyp für diese Verbindungen wurde aber das erste Product der Oxydation des Weingeists, für welches *Liebig* 1835 neben der Beziehung zu der Säure, in welche es übergeht, noch ganz besonders — auch in der Benennung desselben — die zu dem Alkohol, aus welchem es entsteht, hervorhob. Für dieses Aldehyd nahm übrigens *Liebig* eine von der des Bittermandelöls verschiedene Constitution an; vergl. S. 42 in Anmerk. 17.

9) *Zu S. 12.* Diese Formeln sind nicht verständlich. Wenn — in *Wöhler* und *Liebig's* Sprach- und Schreibweise — bei der Einwirkung von alkoholischer Kalilösung auf 2 At. Bittermandelöl = $C_{28}H_{24}O_4$ einfach 1 At. wasserfreie Benzoesäure $C_{14}H_{10}O_3$ an das Kali tritt, muss das andere Einwirkungsproduct nach der Formel $C_{14}H_{14}O$ zusammengesetzt sein; wenn in

die Zusammensetzung desselben auch noch die Elemente von 1 At. Wasser H_2O eingehen, nach der Formel $C_{14}H_{16}O_2$. Die letztere Zusammensetzung kommt in der That dem von *W.* und *L.* als bei jener Reaction sich bildend beobachteten ölartigen Körper zu: dem von *Cannizzaro* 1853 in gleicher Weise dargestellten und näher untersuchten Benzylalkohol.

10) *Zu S. 13.* Das Chlorbenzoyl eröffnete die Bekanntschaft mit den Säurechloriden und dem Verhalten derselben. Es stand lange vereinzelt da, bis *Cahours* 1848 in der Einwirkung des Phosphorpentachlorids auf organische Säuren einen Weg fand, eine grössere Zahl solcher Verbindungen zu erhalten.

11) *Zu S. 15.* In dem erst 1858 wieder durch *Schischkoff* und *Rösing* untersuchten Product der Einwirkung des Phosphorpentachlorids auf Benzoylchlorid wurde von Diesen neben Phosphoroxychlorid die als Chloroform der Benzoylreihe bezeichnete Verbindung gefunden, deren Zusammensetzung in *Wöhler* und *Liebig's* Schreibart durch $C_{14}H_{10}Cl_6$ auszudrücken wäre.

12) *Zu S. 18.* Oxamid hatte *Dumas* 1830 die bei der trockenen Destillation des neutralen oxalsauren Ammoniaks entstehende feste Substanz genannt, für deren Zusammensetzung damals durch ihn die einfache Beziehung zu der des genannten neutralen Salzes nachgewiesen wurde.

13) *Zu S. 22.* *Wöhler* selbst hat 1878 angegeben, dass der von ihm und *Liebig* 46 Jahre früher durch Erhitzen des Benzamids mit wasserfreiem Baryt erhaltene ölartige Körper identisch ist mit der von *Fehling* 1844 durch trockene Destillation des benzoesauren Ammoniaks dargestellten und als Benzonitril bezeichneten Verbindung.

14) *Zu S. 22.* Als einen Chlorkohlenstoff von dieser Zusammensetzung hatte *Liebig* die von ihm 1831 entdeckte Flüssigkeit beschrieben, für welche *Dumas* 1834 die Zusammensetzung richtig bestimmte und die Benennung Chloroform gab.

15) *Zu S. 24.* Dass für die Bildung von Benzoin bei Behandlung des Bittermandelöls mit Alkali die Anwesenheit der in dem rohen Oel enthaltenen Blausäure wesentlich ist, zeigte *Zinin* 1840.

16) *Zu S. 28.* Wie *Berzelius* sofort das Benzamid doch als eine Benzoylverbindung auffasste, s. S. 32; von dieser Auffassung ging er aber bald wieder ab.

17) *Zu S. 31.* Unter dem Eindruck, welchen die erste Mittheilung der von *Wöhler* und *Liebig* ausgeführten Unter-

suchung auf *Berzelius* machte, beharrte Dieser zunächst nicht bei der ihm überkommenen und von ihm (vergl. Anmerk. 1, S. 36) bis dahin festgehaltenen Ansicht über die Constitution sauerstoffhaltiger organischer Substanzen. Er erkannte jetzt die Existenz eines sauerstoffhaltigen Radikals ohne Rückhalt an, und für die Deutung der Constitution des Weingeists und von diesem ausgehender Verbindungen betrachtete er (S. 32 f.) solche Vorstellungen als zulässig, welche er vorher nur als ein brauchbares Hülfsmittel für die Erinnerung an die Zusammensetzungsbeziehungen gewährend, nicht als die wahre Art der Zusammenfügung angebend beurtheilt hatte. Dauernd war bei ihm die Wirkung, dass er von nun an sich eingehender mit der Frage beschäftigte, welche zusammengesetzte Radikale in organischen Substanzen enthalten seien; aber hierfür gewann in ihm bald wieder die Ueberzeugung die Oberhand, dass die von ihm bezüglich solcher Radikale früher vertretene Lehre die richtige und consequent durchzuführende sei. Schon 1833 hob er hervor, dass *Wöhler* und *Liebig*'s sauerstoffhaltiges Benzoyl und die wasserfreie Benzoesäure als Verbindungen des nämlichen sauerstofffreien Radikals mit ungleichen Mengen Sauerstoff anzusehen seien, unter sich etwa in derselben Beziehung stehend wie Mangansuperoxyd (für welches man allerdings noch keine Verbindung mit Chlor oder Schwefel kenne) und wasserfreie Mangansäure, und von da an blieb er dabei, in einfacheren organischen Substanzen, welche Sauerstoff enthalten, könne als Radikal nur der sauerstofffreie Theil derselben betrachtet werden. — Andererseits ging *Liebig* in der Annahme sauerstoffhaltiger Radikale nicht weiter; mit *Berzelius* übereinstimmend nahm auch er in der wasserfreien Essigsäure ein sauerstofffreies Radikal an und betrachtete er auch noch andere Säuren als in entsprechender Weise constituirt. Die Beachtung der sauerstofffreien zusammengesetzten Radikale, die in sauerstoffhaltigen Säuren enthalten seien, gewann jetzt gegenüber früher (vergl. S. 36 in Anmerk. 1) eine erhöhte Bedeutung, sofern sich Grund dafür ergab, dasselbe Radikal dieser Art in verschiedenen Verbindungen vorauszusetzen, welche darauf hin eben so wie die Benzoylverbindungen als zusammengehörig anzusehen seien. Als das Hydrat eines niedrigeren Oxydes desselben sauerstofffreien Radikals, welches in der Essigsäure mit mehr Sauerstoff vereinigt sei, betrachtete *Liebig* 1835 das damals von ihm untersuchte Aldehyd, und er glaubte zu dieser Zeit auch, dass noch eine dritte intermediäre Oxydationsstufe des nämlichen

Radikals in der sog. Aldehydsäure existire: nicht blos die Befähigung, nach verschiedenen Verhältnissen mit Sauerstoff vereinigt zu sein, wurde jetzt einem derartigen Radikal zuerkannt, sondern von derselben Zeit an auch die Befähigung zur Vereinigung mit anderen Elementen: eine Verbindung des Radikals der Essigsäure mit Chlor glaubte man in der 1835 von *Regnault* durch Abspaltung von Chlorwasserstoff aus dem sog. Oel des ölbildenden Gases erhaltenen Verbindung sehen zu dürfen.

Aber bei der Anerkennung sauerstofffreier zusammengesetzter Radikale in einer zunehmenden Zahl sauerstoffhaltiger organischer Säuren und anderer Substanzen erhielt sich bei vielen Chemikern auch die des sauerstoffhaltigen Radikals Benzoyl in den Verbindungen, für welche *Wöhler* und *Liebig* die Annahme dieses gemeinsamen Bestandtheils begründet hatten, wenngleich *Berzelius* von 1833 an beharrlich dafür eintrat, die Annahme eines sauerstofffreien, von ihm dann als das wahre Benzoyl bezeichneten Radikals in diesen Verbindungen sei die richtigere und 'erweise sich als solche dadurch, dass man von ihr ausgehend zu der Beilegung analoger Constitution an chemisch sich ähnlich verhaltende Verbindungen komme, welche anderenfalls als ganz ungleich constituirte aufzufassen seien. In der That: nach *Wöhler* und *Liebig*'s Ansicht war die Benzoesäure eine Verbindung ganz anderer Art, als die Essigsäure nach der für diese zu Geltung gekommenen Betrachtungsweise; nach *Berzelius*' Ansicht war die Constitution beider Säuren, selbst bis auf das atomistische Verhältniss zwischen dem Radikal und dem Sauerstoff, die nämliche. In dem Bittermandelöl sahen *Wöhler* und *Liebig* die Wasserstoffverbindung eines sauerstoffhaltigen Radikals, in dem Aldehyd sah *Liebig* das Hydrat eines niedrigeren Oxydes eines sauerstofffreien Radikals; nach der Ansicht *Berzelius*`, welcher alsbald nach dem Bekanntwerden mit *L.*'s Untersuchung des Aldehyds dasselbe als ein Analogon des Bittermandelöls erkannte, war die Constitution des letzteren ganz der des ersteren entsprechend zu deuten. Selbst für das Benzoylchlorid, welches *B.* für die Anwendung seiner Annahme zuerst mehr Schwierigkeit bot, schien ihm diese bald, nachdem die Existenz flüchtiger Oxychloride von Metallen festgestellt war, beseitigt; er betrachtete es als zu der wasserfreien Benzoesäure in derselben Beziehung stehend, wie die des Chromacichlorids, in welchem man doch kein sauerstoffhaltiges Radikal annehme, zu der Chromsäure ist. — So mochte *Berzelius* wohl glauben, guten Grund zu der Hoffnung zu haben, dass die von ihm vertheidigte Anschauung den Sieg über die entgegenstehende erringen werde. Auf was er so viel Gewicht legte: dass ähnlich sich verhaltenden Verbindungen analoge Constitution beizulegen sei, ist später erzielt worden, aber nicht so, wie er es sich gedacht hatte: durch die Beseitigung der Annahme sauerstoffhaltiger Radikale, sondern dadurch, dass in der Annahme gerade solcher Radikale weiter gegangen wurde. Hier ist nicht zu besprechen, was zum Einlenken in diese Richtung vorbereitete; nur daran darf erinnert werden, wann zuerst in solchen Säuren, welche übereinstimmend als sauerstofffreie Radikale enthaltend angesehen gewesen waren, bez.-w. in Derivaten derselben sauerstoffhaltige Radikale angenommen wurden, die zu den betreffenden Säuren ganz in der Beziehung stehen, wie *Wöhler* und *Liebig's* Benzoyl zu der Benzoesäure. Dem entsprechend formulirte *A. W. Hofmann* 1849 die Amide der Essigsäure und ähnlicher Säuren, und eingehend begründete *Williamson* 1851 die Betrachtung der Essigsäure als einer ein derartiges Radikal enthaltenden Verbindung.

18) *Zu S. 32.* Für das Verständniss der hier von *Berzelius* zusammengestellten Formeln ist unter Erinnerung an die damals von ihm gemachten Atomgewichtsannahmen (vergl. Anmerk. 7) daran zu denken, dass das durchstrichene Symbol eines Elementes ein Doppelatom desselben bedeutet; dass die Anzahl Punkte oder Striche über dem Symbol eines elementaren Atoms oder einer Atomgruppe die Anzahl Sauerstoff- bez.-w. Schwefelatome angiebt, welche mit der durch jenes Symbol ausgedrückten Menge des betreffenden einfachen oder zusammengesetzten Körpers vereinigt sind; dass $\bar{A}$ die damals übliche Abkürzung für die Formel der wasserfreien Essigsäure $C_4H_6O_3$ ist. Es würde für den Zweck der Herausgabe der Abhandlung von *Wöhler* und *Liebig* keinen Nutzen gewähren, für alle in dieser Zusammenstellung genannten Verbindungen, welche einer Erläuterung bedürfen, diese hier zu geben. Dass für die Betrachtung der da vorgeführten Formeln bei »Holzspiritus« o. »Holzgeist« nicht an den erst 1834 von *Dumas* und *Peligot* untersuchten Methylalkohol gedacht werden darf, bei »Acetal« nicht an die so bezeichnete Verbindung, welche erst 1847 *Stas* rein und mit richtigem Resultat analysirte, bedarf kaum besonderer Bemerkung; eher, dass unter »Brenzessiggeist« unser Aceton verstanden war, mit dessen durch *Liebig* 1832 richtig ermitteltem Zusammensetzungsverhältniss auch die angegebene Formel in Einklang steht.

Druck von Breitkopf & Härtel in Leipzig.

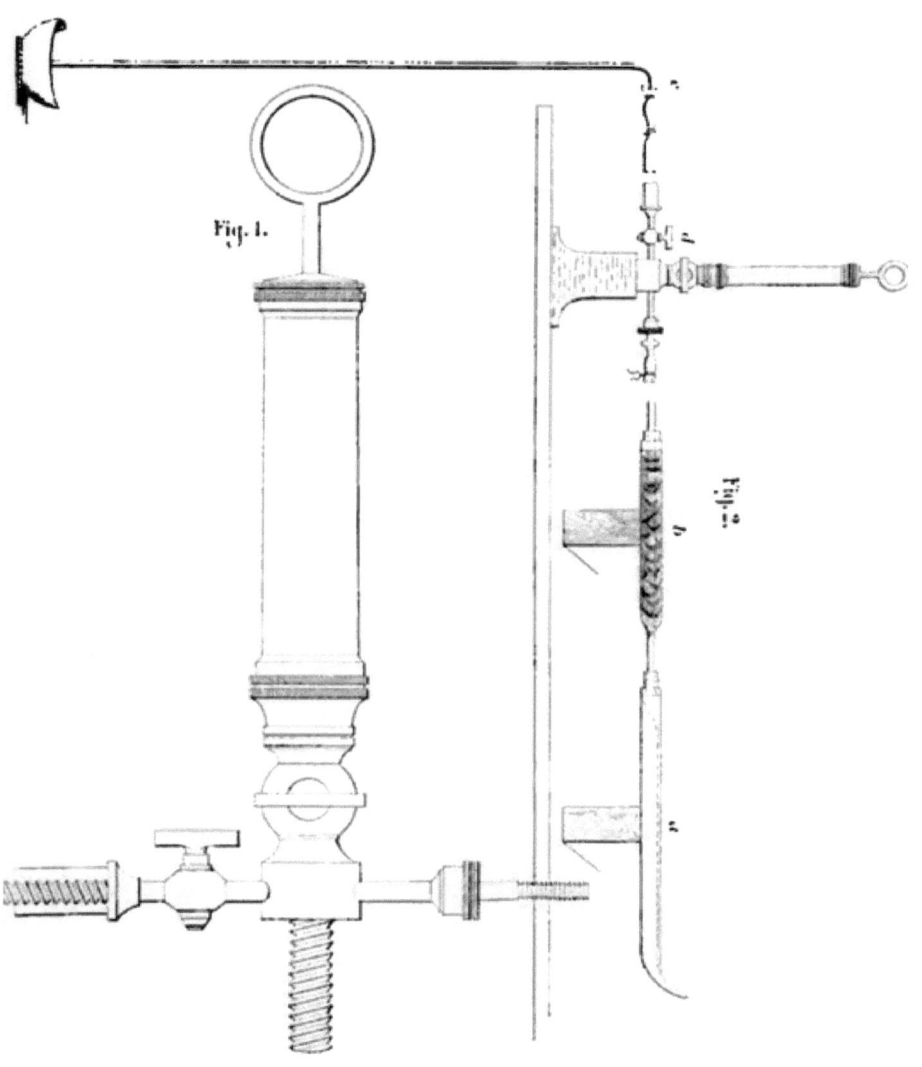